Schock deinen Lehrer mit ... Mathe Wissen

Volker Wollny

compact

Chefredaktion: Evelyn Boos
Redaktion: Anke Fischer
Fachredaktion: Andreas Borrmann
Produktion: Johannes Buchmann
Illustrationen: Anja Imke
Titelabbildungen: iStockphoto: Andrew Polushkin (funny character),
ZU_09 (Euklid), Linda Steward (Mary Somerville),
mustafahacalaki (Hintergrund)
Gestaltung: X-Design, München
Umschlaggestaltung: X-Design, München

ISBN 978-3-8174-8712-7
381748712/1

www.compactverlag.de

Schock deinen Lehrer mit Mathe-Wissen

Möchtest du einmal erleben, wie deinem Lehrer einfach nichts mehr einfällt? Wie ihm vor lauter Staunen die Kinnlade herunterklappt und er nur noch anerkennend nicken kann?

Dann solltest du dieses Buch lesen, denn es enthält jede Menge Extrawissen zum Schulfach Mathe. Damit kannst du deinen Lehrer garantiert verblüffen, denn einen Schüler mit einem solchen Wissensschatz hat er bestimmt schon lange nicht mehr gehabt.

Du erfährst, wie ein Zweieck aussieht, warum die Quadratur des Kreises unmöglich ist, wie oft man unsere Erde in Gold aufwiegen kann und vieles mehr! Besserwissen für Schlauköpfe eben.

Viel Spaß im Unterricht mit einem echt beeindruckten Lehrer!

1. Das Runde muss ins Eckige

RUND UM DEN KREIS

Wer hat schon mal runde Ecken gesehen?

Ein Kreis ist ein Punktmenge. Er besteht aus der Menge aller Punkte, die den gleichen Abstand r zu einem Mittelpunkt M haben.
Wenn ein Punkt P sicher auf einer wohldefinierten Linie liegt, dann sagt man: Diese Linie ist „geometrischer Ort" des Punktes P (Plural: geometrische Örter). So ein „geometrischer Ort" eines Punktes kann z. B. eine Gerade sein oder auch ein Kreis oder Kreisbogen mit dem Radius r um einen Punkt M.
Alle Punkte auf einer Ebene, deren Verbindungslinien zu einem bestimmten Punkt P oberhalb der Ebene den gleichen Winkel α mit dieser Ebene bilden, liegen auf einem Kreis k, da dieser den Grundkreis eines Kreiskegels mit der Spitze P und dem Seitenwinkel α darstellt.

Das geht gar nicht: die Quadratur des Kreises

Als Quadratur des Kreises bezeichnet man das sinnlose Unterfangen, aus einem Kreis ein flächengleiches Quadrat konstruieren zu wollen. Gemeint ist dabei meist die zeichnerische Konstruktion, die, wie Ferdinand von Lindemann (1852–1939) im Jahr 1882 bewiesen hat, unmöglich ist. Schon seit der Antike hat man sich mit diesem Problem herumgeschlagen. Leute, die gerne hochgestochen reden, bezeichnen auch heute noch unlösbare Probleme als Quadratur des Kreises.

Die Quadratur des Kreises: Das kann nicht funktionieren.

Die Babylonier und der Kreis

Schon die alten Babylonier fummelten mit Kreisen herum. Um ihre Flächen und Umfänge zu berechnen, benötigt man die Kreiszahl π, die den Babyloniern noch nicht bekannt war. Sie behalfen sich, indem sie einfach 3 oder 3 1/8 verwendeten. Eine noch bessere Näherung ist 22/7, was für technische Zwecke in der Regel allemal ausreicht.

Einfache Vermessungsarbeiten mit einer Schnur

Mithilfe von Kreislinien kannst du einfach Formen konstruieren. Z.B. kannst du bei der Gartengestaltung eine maßstäbliche Planungsskizze mit einer Schnur als Zirkel in die Natur übertragen:

Du benötigst zwei bekannte Punkte, etwa zwei Grundstücksecken E_1 und E_2. Von dort aus misst du in deiner Skizze die Entfernungen zu einem gesuchten Punkt – z. B. einer Beetecke *B* – und rechnest diese Längen maßstäblich um. Dann musst du lediglich noch um jeden der Bezugspunkte in der Natur einen Kreisbogen (geometrische Örter!) mit dem jeweiligen Abstand als Radius schlagen und hast im Schnittpunkt deine gesuchte Ecke – und kannst mit dem Anpflanzen loslegen.

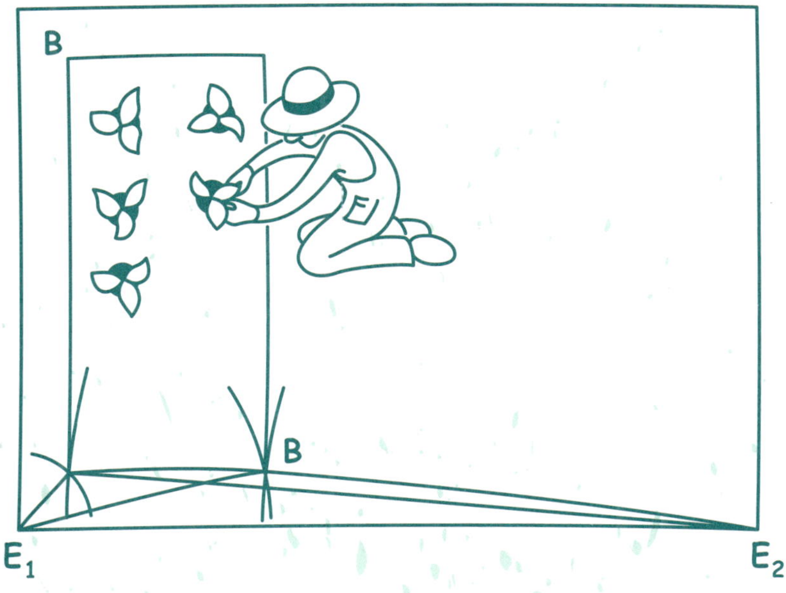

Auch einem Gärtner ist ein gewisses Mathe-Wissen von Nutzen.

Umgekehrt kannst du natürlich mit deinem Schnurzirkel auch einen Garten mit bereits angelegten Beeten aufnehmen und eine maßstäbliche Skizze von ihm zeichnen, um z. B. die Bepflanzung mit Gemüse zu planen.

Das Geheimnis der astronomischen Navigation
Hinter der astronomischen Navigation steckt auch nichts anderes als diese einfache Tatsache. Mithilfe eines immer gleich großen Winkels zwischen dir und z. B. einer Turmspitze kannst du rund um den Turm einen astreinen Kreis ziehen. Ein Stern ist in diesem Zusammenhang auch nichts anderes als die Spitze eines extrem hohen Turms, dessen Höhenwinkel man mit dem Sextanten messen kann.

Ob Stern oder Turmspitze: Zum Berechnen eignet sich beides.

Um den Standort eines Schiffs zu bestimmen, messen waschechte Seefahrer den Höhenwinkel eines Sterns, von dem sie wissen, über welchem Punkt der Erde er gerade steht. So haben sie zumindest schon gecheckt, auf welchem Kreis unterhalb des Sterns sie sich auf jeden Fall befinden müssen. Diesen Kreis nennt man Standlinie – und das ist auch nichts anderes als ein geometrischer Ort. Mit einer zweiten Standlinie – von einem weiteren Stern oder z. B. auch einer Funkpeilung – können sie nun den Standort des Schiffs als einen Schnittpunkt der beiden Standlinien ermitteln.

Natürlich müssen sie eine ungefähre Ahnung davon haben, wo sie sind, damit sie wissen, welche Sterne infrage kommen und welcher der beiden Schnittpunkte der Standlinien der richtige ist. Früher war das alles eine ziemlich nervige Rechnerei, bei der unter anderem berücksichtigt werden musste, dass der Kreis, auf dem man sich befindet, ja auf einer Kugel liegt. Dazu benötigte man sphärische Trigonometrie, die eine echte Plage für die angehenden Nautiker war. Es gibt für diese Berechnungen jedoch schon seit vielen Jahren Tabellen, die man im Nautischen Jahrbuch findet. Daher können auch Freizeitkapitäne und Hobbysegler heutzutage die astronomische Navigation leichter lernen als unsereiner die Mitternachtsformel. Der Knackpunkt ist das „Schießen“ des Sterns, wie es die Seeleute nennen, denn dabei muss man sehr präzise arbeiten. Der Rest ist easy und besteht aus Addition bzw. Subtraktion von Korrekturwerten für Augenhöhe und Erdkrümmung und dem Nachschlagen in der Tabelle im Nautischen Jahrbuch.

Der Satz des Pythagoras

Der Satz des Pythagoras beschreibt die Verhältnisse der Katheten und der Hypotenuse im rechtwinkligen Dreieck zueinander:

$c^2 = a^2 + b^2$

Die Katheten a und b sind dabei diejenigen Seiten des rechtwinkligen Dreiecks, welche den rechten Winkel einschließen, die Hypotenuse c ist die verbleibende dritte Seite, welche gleichzeitig die längste Seite des rechtwinkligen Dreiecks ist.

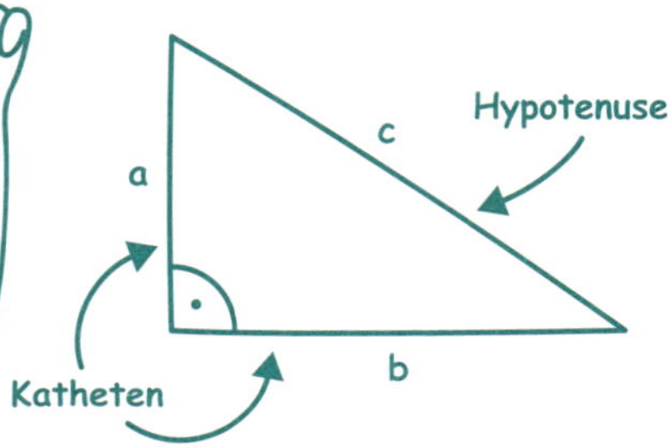

Von wem stammt der Satz des Pythagoras?

Stammt der Satz des Pythagoras tatsächlich von Pythagoras?

Im Allgemeinen wird der Satz des Pythagoras, wie der Name schon sagt, dem griechischen Philosophen Pythagoras von Samos (ca. 570–510 v. Chr.) zugeschrieben. Dass sich ein Philosoph mit Mathematik beschäftigte, war kein großes Ding, denn zu jener Zeit – und noch bis ins Mittelalter – war die Mathematik ein Teilgebiet der Philosophie.

Pythagoras von Samos war der erste Gelehrte, von dem wir wissen, dass er den nach ihm benannten Satz nicht nur behaupten, sondern auch beweisen konnte. Rausgekriegt, dass es so sein muss, hatten bereits lange vor Pythagoras Mathe-Nerds in Babylon und Indien. Schau dir nur mal an, was die Leute dort damals schon bauen konnten. Das lässt doch vermuten, dass sie zumindest in der 8. Klasse in Geometrie gut aufgepasst hatten. Möglicherweise konnten die Mathematiker dieser Kulturen den Satz von den Katheten und der Hypotenuse auch schon beweisen; allerdings kann das dann doch wieder kein Historiker auf seinen Eid nehmen.

Der Satz des Pythagoras und die Bauarbeiter: das Verreihungsdreieck

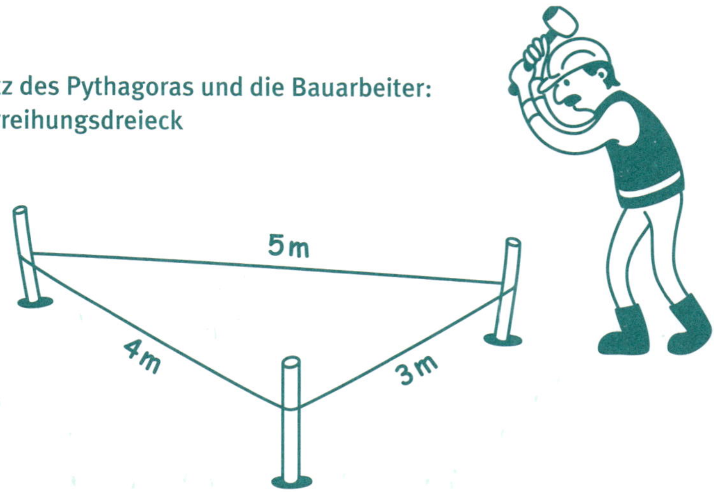

Verreihungsdreiecke brauchen Körpereinsatz.

Der Satz des Pythagoras ist also schon seit uralten Zeiten wichtig für die Bautiger, weil man mit seiner Hilfe rechte Winkel hinkriegt. Wenn man ihn umkehrt, folgt daraus nämlich, dass jedes Dreieck, in dem die Quadrate der beiden kürzeren Seitenlängen zusammen so groß sind wie das Quadrat der längsten Seitenlänge, ein rechtwinkliges sein muss.
Mit diesem Wissen kannst du dir leicht einen rechten Winkel bauen. Die einfachsten Zahlen, für die diese Beziehung gilt, sind 3, 4 und 5. Ein Dreieck, dessen Seitenlängen sich so verhalten, muss also zwischen seinen beiden kürzeren Seiten einen rechten Winkel einschließen: $3^2 + 4^2 = 5^2$ Auf dem Bau nennt man ein solches Dreieck auch heute noch Verreihungsdreieck.
Ein Verreihungsdreieck erhältst du ganz praktisch, indem du eine insgesamt zwölf Meter lange Schnur durch Knoten bei drei Metern und sieben Metern einteilst und dann an den Enden zusammenknotest. Damit kannst du, wie in der Abbildung zu sehen, drei Pfosten so einschlagen, dass sie einen rechten Winkel bilden.

Die Wurzel aus 2 und die Diagonale im Quadrat

Die Wurzel einer Zahl n ist diejenige Zahl, welche mit sich selbst multipliziert diese Zahl n ergibt. Die Seitenlänge eines Quadrates verhält sich zu seiner Diagonalen wie 1 zu $\sqrt{2}$. Diese Tatsache ergibt sich auch aus dem Satz des Pythagoras: Du kannst nämlich zwei benachbarte Seiten s eines Quadrates als Katheten eines gleichschenkligen rechtwinkligen Dreiecks auffassen. Dann ist die Diagonale d des Quadrats die Hypotenuse dieses Dreiecks. Aus dem Satz des Pythagoras ergibt sich dann Folgendes:

$c^2 = a^2 + b^2$

$\rightarrow c = \sqrt{a^2 + b^2}$

$\rightarrow d = \sqrt{s^2 + s^2}$

$\rightarrow d = \sqrt{2s^2}$

$\rightarrow d = \sqrt{2} \cdot \sqrt{s^2}$

$\rightarrow d = \sqrt{2} \cdot s$

q.e.d.

Genial einfach – einfach genial: Die DIN-Papierformate

Die Wurzel aus 2 hat noch eine weitere interessante Eigenschaft: Denk dir einmal ein Rechteck, dessen Länge $\sqrt{2}$-mal so groß ist wie seine Breite. Teile dieses Rechteck in zwei Hälften, indem du seine langen Seiten halbierst. Die zwei kleineren Rechtecke haben nun nicht nur genau die halbe Fläche des großen, sondern sind ihm auch geometrisch „ähnlich“. Das bedeutet, dass sie genau dasselbe Längen-Breiten-Verhältnis haben wie das ursprüngliche Rechteck. Außerdem sind die langen Seiten der kleineren Rechtecke genau so lang wie die kurzen des großen.

Diesen Sachverhalt haben die Leute ausgenutzt, die sich die DIN-Papierformate ausgedacht haben: Beim DIN-A-Format ist die Länge eines Blattes immer $\sqrt{2}$-mal so groß wie die Breite. Das Ausgangsformat ist dabei das DIN-A0-Blatt, welches genau einen Quadratmeter groß ist und 841 mal 1189 Millimeter misst. Durch die fortgesetzte Halbierung entstehen dann die kleineren Formate: DIN-A1 ist einen halben Quadratmeter groß, DIN-A2 einen viertel Quadratmeter und so weiter.
Der Clou bei diesem System ist, dass ein einmal gefaltetes DIN-A-Blatt immer ein Doppelblatt des nächstkleineren Formats ergibt: Die Teile aus dem Schreibwarenhandel, die man Kanzleibögen nennt, bestehen aus DIN-A3-Blättern, die einmal gefaltet sind und daher jeweils ein DIN-A4-Doppelblatt ergeben.

So verteilen sich die DIN-Formate auf einem Quadratmeter.

DIN-Formate und Briefgewichte
Die Zahl in der DIN-A-Formatangabe kann man als negativen Exponenten von 2 auffassen und damit an der Formatangabe ablesen, welchen Flächeninhalt das Blatt hat: DIN-A1 ist 2^{-1}, also $1/2\ m^2$ groß, DIN-A2 ist 2^{-2}, also $1/4\ m^2$ groß und so weiter.
Da nun bei Papiersorten immer das Gewicht (dein Physiklehrer würde meckern: die Masse) in Gramm pro Quadratmeter angegeben wird, kannst du mit dieser Geheiminfo leicht ausrechnen, wie viel ein Blatt eines bestimmten Formates wiegt. Das Papier, das heute im

Allgemeinen als Kopier- und Druckerpapier verwendet wird, wiegt 80 g/m^2. Ein DIN-A4-Blatt davon wiegt also $2^{-4} \cdot 80$ Gramm oder $1/16 \cdot 80$ Gramm, also fünf Gramm. Da ein Standardbrief zu 55 Cent 20 Gramm wiegen darf, weißt du, auch ohne eine Briefwaage zu besitzen, dass du drei Blätter für einen solchen Brief verwenden kannst, damit noch fünf Gramm für den Umschlag, die Briefmarke und Toner bzw. Tinte übrig bleiben.

Der Satz des Thales

Jeder Winkel im Halbkreis ist ein rechter Winkel.

Thales verallgemeinert: der Peripheriewinkelsatz

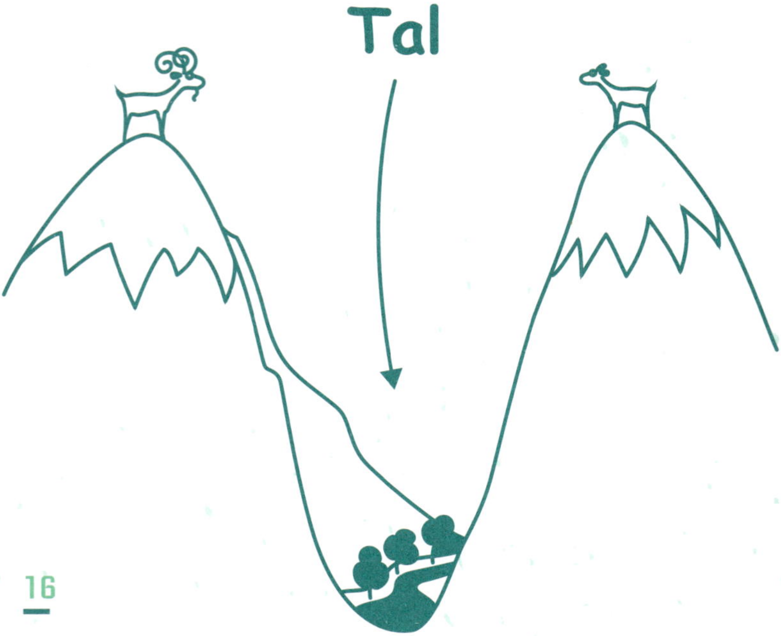

Es gibt einen ziemlich flachen Mathematiker-Witz über den Satz des Thales, der besagt, dass sich zwischen zwei Bergen immer genau ein Tal befindet – was die nebenstehende Abbildung sehr schön verdeutlicht. Wesentlich interessanter jedoch ist der Umstand, dass der Satz nicht nur für den Halbkreis, sondern für jeden beliebigen Kreisab- bzw. -ausschnitt gilt. Das hat selbst der alte Thales von Milet (ca. 624–ca. 546 v. Chr.) noch nicht gewusst! Der Winkel γ in der Abbildung, der sogenannte Peripheriewinkel, ist immer genau halb so groß wie der Zentriwinkel γ'. Beim Sonderfall des Thales-Halbkreises (im linken der beiden Dreiecke) beträgt dieser Zentriwinkel 180 ° und der Peripheriewinkel γ daher 90 °.

Dank Thales weiß der Seemann, wo er ist

Auf diesem Peripheriewinkelsatz beruht der Seemanns-Trick mit der Horizontalwinkelmessung. Damit lässt sich ein geometrischer Ort für *C*, oder, wie die Segelfreaks sagen, eine Standlinie, ermitteln. *A* und *B* des rechten Dreiecks sind zwei Punkte, die von deinem Standpunkt *C* aus sichtbar und auch in deiner Seekarte zu finden sind. Misst du von *C* aus den Winkel γ, kennst du auch den Winkel $\gamma' = 2\gamma$. Weil es sich bei *ABM* um ein gleichschenkliges Dreieck handelt und die Winkelsumme im Dreieck 180 ° beträgt, ist vollkommen klar, dass sowohl α als auch β die Hälfte von 180 ° – γ' betragen müssen.

Damit man nicht planlos in der Gegend herumfährt.

Mit diesem famosen Wissen kannst du *M* als dritten Punkt des Dreiecks *ABM* konstruieren. Mit dem Kreis um *M* durch *A* und *B* erhältst du einen ersten geometrischen Ort für *C*: *C* muss auf diesem Kreisbogen liegen.Wenn du nun einen dritten Punkt *P*, eine weitere Landmarke also, siehst, kannst du das Gleiche noch einmal für *A* und *P* oder für *B* und *P* machen. Auf diese Weise erhältst du eine zweite Standlinie bzw. einen geometrischen Ort für *C*. Jetzt musst du lediglich noch entscheiden, welcher der beiden Schnittpunkte der Kreise dein Punkt *C* ist, was jedoch kein Problem sein sollte: Schließlich weißt du ja, auf welcher Seite der Linie *AB* du dich befindest: Natürlich auf der Wasserseite, weil du auf einem Schiff bist!

Kinderleichte Tangentenkonstruktion mit dem Satz des Thales

Alles, was du brauchst, ist ein Zirkel.

Mit dem Satz des Thales ist es auch keine große Sache, die Tangente durch einen Punkt *P* an einen Kreis *k* zu konstruieren: Durch Halbieren der Strecke *MP* erhältst du den Mittelpunkt *M'* des Kreises *k'*, dessen Durchmesser so groß ist wie der Abstand zwischen *M* und *P*. Der Schnittpunkt *T* der beiden Kreise ist gleichzeitig der Punkt, an dem die Gerade *t* (= die gesuchte Tangente) den Kreis berührt. Warum? Ganz einfach: *M*, *P* und *T* bilden dem alten Thales zufolge ein rechtwinkliges Dreieck. Daher steht der Radius *r* senkrecht auf *t*, was ja bekanntlich das Markenzeichen einer Tangente ist.

UM DREI ECKEN GEDACHT

Eine einfache, aber wichtige geometrische Figur

> **Drei Punkte A, B und C bilden ein Dreieck und damit die einfachste geometrische Figur. Für die Geometrie sind Dreiecke sehr wichtig, weil du alle Vielecke in Dreiecke zerlegen und so ihre Fläche berechnen kannst.**
> **Die Winkelsumme im Dreieck beträgt stets 180 °.**

Die Grundlagen der Trigonometrie stammen aus der Antike. Bereits Hipparchos von Nicäa (ca. 190–ca. 120 v. Chr.) und Menelaos von Alexandria (ca. 70–ca. 140 n. Chr.) befassten sich mit Dreiecken. Vermutlich ärgerten sich aber auch schon die alten Ägypter damit herum: Jedes Mal, wenn der Nil das Land überschwemmte, brachte er zwar fruchtbaren Schlamm mit, verwischte jedoch auch alle Ackergrenzen. Was das bedeutet, kannst du dir denken: viel Arbeit, um alle Felder neu zu vermessen. Und das geht am besten, wenn man die entsprechenden Flächen in Dreiecke zerlegt.

Die Minimallösung für ein Vieleck: das Zweieck
Was man dir in der Schule über Dreiecke erzählt, gilt in der Regel nur für ebene Dreiecke. Auf einer Kugeloberfläche ist eine noch einfachere Figur möglich: das (sphärische) Zweieck. Es wird von zwei sogenannten Großkreisen gebildet. Ein Großkreis ist ein Kreis, der den gleichen Durchmesser hat wie die Kugel, auf der er liegt. Der Äquator und auch die Längengrade sind Großkreise der Erde.

Links ist ein sphärisches Dreieck zu sehen, rechts ein sphärisches Zweieck.

Die Winkelsumme bei sphärischen Dreiecken
Die Regel mit der Winkelsumme im Dreieck ist das, was der Schriftsteller und Wissenschaftsjournalist Terry Pratchett (geb. 1948) als „Lüge für Kinder“ bezeichnet: eine stark vereinfachte Darstellung für unbedarfte Leute (ähnlich wie die Geschichte vom Klapperstorch). Tatsächlich gilt die Regel mit der Winkelsumme von 180 ° nämlich nur für ebene Dreiecke. Bei sphärischen Dreiecken ist die Winkelsumme immer größer als 180 °. Den Betrag, um den die Winkelsumme eines sphärischen Dreiecks größer ist als 180 °, nennt man den sphärischen Exzess. Er hängt davon ab, wie groß das Dreieck im Verhältnis zu der Kugel ist, auf der es liegt.

Der sphärische Exzess ist wichtig für Landvermesser und Kartographen, wenn es um sehr große Objekte, wie z. B. ganze Länder geht. Dann nämlich sind die Dreiecke im Verhältnis zur Erdkugel so groß, dass der sphärische Exzess erheblichen Ärger machen kann. Bei einem Baugrundstück oder einem Bebauungsplan ist er hingegen so gering, dass man die Erdoberfläche getrost als eben ansehen kann.

Der Kongruenzsatz SSS

Wenn sich zwei Dreiecke in allen drei Seitenlängen gleichen, sind sie kongruent.

Die ganze Geometrie mit einer Schnur

Wie du bereits mitbekommen hast, kann man mit Kreisbögen Längen abtragen und daher Punkte mit einer Schnur auftragen (→ S. 8 f.). Gleichzeitig kann man mit einer gespannten Schnur auch gerade Linien erzeugen. Eine Schnur ersetzt also sowohl den Zirkel als auch das Lineal. Auch Winkel lassen sich mit einem (Schnur-)Zirkel übertragen, sodass die alten Griechen ihre ganze Geometrie mit einer einfachen Schnur und einem Stöckchen im Sand entwickeln konnten.

Was Handwerker aufreißen

Auch Handwerker wie z. B. Schiffsbauer und Zimmerleute konstruierten früher mit der Schnur die tollsten Sachen. Daher heißt das Aufreißen eines Dachstuhls oder eines Schiffsrumpfes in natürlicher Größe auch „Aufschnüren“. Die Arbeitsfläche, auf der ein Schiffsbauer einen neuen Schiffsrumpf aufreißt, heißt „Schnürboden“.

Auf Dreieckskonstruktionen kann man sich verlassen

Weil drei Seiten einer bestimmten Länge immer zu deckungsgleichen Dreiecken führen, sind solche Dreieckskonstruktionen stabil. Das kannst du bei Fachwerkkonstruktionen ebenso beobachten wie bei den alten, unkaputtbaren Herrenfahrrädern: Ein viereckiger Rahmen, der an sich nichts taugt, wird haltbar, indem du als mathematischer Durchblicker einfach eine Diagonalstrebe einbaust und zwei stabile Dreiecke daraus machst.

Ein Fahrrad alter Bauweise

Der Kongruenzsatz WSW

Dreiecke, die sich in einer Seitenlänge und zwei Winkeln gleichen, sind kongruent.

Die Kreuzpeilung

Der Kongruenzsatz WSW wird von einem einfachen Verfahren zur Standortbestimmung eines Schiffes genutzt, der Kreuzpeilung: Der Navigator peilt mit dem Kompass zwei Landmarken an, z. B. einen Kirchturm und einen Schornstein. Der Abstand dieser Landmarken ist die bekannte Dreieckseite. Die beiden Peilungen sind die bekannten Winkel. Zeichnet er nun die Peilungen als Linien durch die Landmarken in seine Karte, bekommt er mit dem Schnittpunkt den Standort des Schiffes. Dasselbe Verfahren

benutzen auch die Landvermesser, bei ihnen heißt es allerdings Vorwärtsschnitt.
Der Kongruenzsatz WSW war übrigens schon den alten Griechen bekannt. Auf jeden Fall hatte Thales von Milet (du erinnerst dich? → S. 16 ff.) ihn schon drauf.

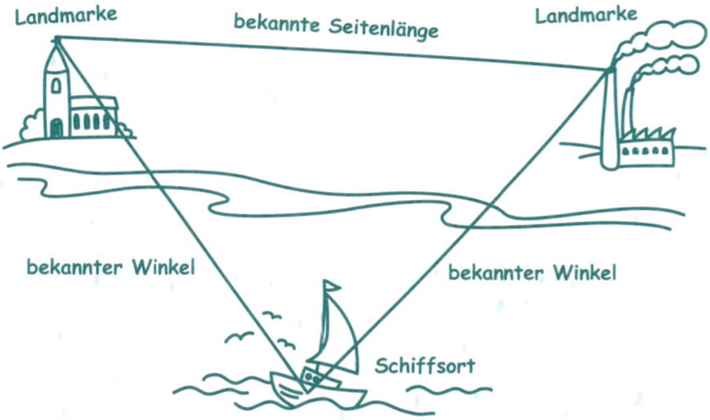

Kreuzpeilung

Ähnliche Dreiecke WWW

Dreiecke, die in drei Winkeln übereinstimmen, sind nicht kongruent, aber ähnlich.

Winkel sind genauer

Wie du bereits erfahren hast, kannst du durch Abtragen von Längen mit einem (Schnur-)Zirkel Punkte eindeutig bestimmen und so theoretisch alle möglichen geometrischen Gebilde hinkriegen. In der Praxis lassen sich Winkel aber viel einfacher und genauer messen, sodass Landvermesser vor allem mit Winkelmessgeräten hantieren. Um aber zu wissen, wie groß das vermessene Objekt ist, müssen sie jedoch immer mindestens eine Länge kennen.

Gleichschenklige Dreiecke

Ein Dreieck, bei dem zwei Seiten gleich lang sind, heißt gleichschenkliges Dreieck. Es ist symmetrisch zur Winkelhalbierenden des von den beiden gleichen Seiten eingeschlossenen Winkels.

Die eulersche Gerade

Als eulersche Gerade bezeichnet man diejenige Gerade, welche durch den Umkreismittelpunkt, den Schwerpunkt und den Höhenschnittpunkt eines Dreiecks geht.

Eulersche Gerade und Symmetrieachse

Bei gleichschenkligen Dreiecken ist die eulersche Gerade gleichzeitig die Symmetrieachse. Das stimmt allerdings nur, wenn es sich nicht um ein gleichseitiges Dreieck handelt. Sonst nämlich kann man die Gerade gar nicht zeichnen, weil alle drei Punkte gleich sind. Lass dich hier nicht aufs Glatteis führen! Benannt ist diese Gerade nach dem Schweizer Mathematiker Leonhard Euler (1707–83).

Gleichseitige Dreiecke

Ein Dreieck mit drei gleich langen Seiten heißt gleichseitiges Dreieck. Es ist durch diese eine Seitenlänge vollständig definiert, da man mit ihr alle drei Seitenlängen kennt (Kongruenzsatz SSS).

Ein fraktales Muster

Ein gleichseitiges Dreieck lässt sich in 4, 9, 16 usw. ähnliche Dreiecke aufteilen. Dadurch entsteht etwas, das vor allem Computerfreaks fasziniert: ein fraktales, also selbstähnliches Muster.

So sieht ein fraktales Muster aus.

Ein Tangram-Puzzle

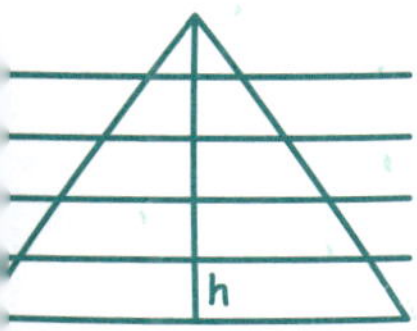

Ein gleichseitiges Dreieck hilft sogar gegen Langeweile: Wenn du es entlang seiner Höhe in fünf Teile teilst, erhältst du ein hübsches Tangram-Puzzle, mit dem du dich von der anstrengenden Mathematik erholen und gleichzeitig deine in der Schule unterforderte Phantasie trainieren kannst.

Dreiecksfläche

Der Flächeninhalt eines Dreiecks berechnet sich zu $1/2 \cdot a \cdot h$, wobei a die Grundseite und h die Höhe des Dreiecks ist.
Man kann alle Arten von Vielecken in Dreiecke zerlegen und so ihre Flächeninhalte ermitteln.

Triangulation und Vermessungskunde

Das Wort Triangulation klingt bombastisch, bedeutet aber nichts weiter als die Zerlegung von beliebigen Flächen in Dreiecke, damit man sich mit Flächenberechnungen von Grundstücken und anderen vermessungstechnischen Aufgaben leichter tut. Die Triangulation oder Triangulierung ist daher ein wichtiges Hilfsmittel der Geodäsie, der Vermessungstechnik. Bereits die alten Ägypter benutzten die Zerlegung von Flächen in Dreiecke, wenn sie nach dem Nilhochwasser die Grenzen ihrer Felder neu festlegen mussten. Ab etwa dem 17. Jahrhundert sind auch die neuzeitlichen Vermessungstechniker wieder auf diesen nützlichen Trick gekommen.

Vermessung in alter Zeit: ein Beruf mit null Sozialprestige
Die Vermessungstechnik war nicht immer ein anständig bezahlter und cooler Job für Leute mit Durchblick in Mathe, beim CAD und am Computer. Zur Zeit der Württembergischen Landesvermessung (1818–40) waren die Geometer, wie die Vermesser damals hießen (und wie man sie manchmal auch noch heute nennt), echte Loser, nämlich äußerst mies bezahlte, in kurzen Lehrgängen notdürftig ausgebildete Kräfte. Sie gehörten zu den Ärmsten der Armen, wurden nicht nach Zeit, sondern nach Leistung, also im Akkord bezahlt und hatten keinerlei soziale Absicherung. Ähnlich wie Holzknechte waren sie das, was man heute als Subunternehmer bezeichnen würde: bezahlt nach Leistung wie ein Unternehmer, dem Auftraggeber jedoch ausgeliefert. Lediglich die leitenden Kräfte waren Beamte mit Hochschulausbildung.
Die Armut der einfachen Geometer war sprichwörtlich. Um überleben zu können, mussten Frau und Kinder bei der Arbeit helfen. Die Geometer zogen im Morgengrauen mit Kind und Kegel hinaus und schufteten, bis es dunkel wurde. Unter diesen ätzenden Arbeits- und Lebensbedingungen suchten viele im Alkohol Trost. „Er ist Geometer und sie säuft auch“, war damals eine gängige Redensart. Auch die Ausrüstung der Geometer war nicht gerade der Brüller: Das wichtigste Arbeitsgerät war die Messkette, mit der man

etwa auf einen Schuh (knapp 29 cm) genau messen konnte. Man staunt, dass unter diesen Bedingungen ein Mega-Projekt wie die Württembergische Landvermessung gelingen konnte, deren Daten auch heute noch benutzt werden.

WIE VIEL GRAD HAT ES HIER?

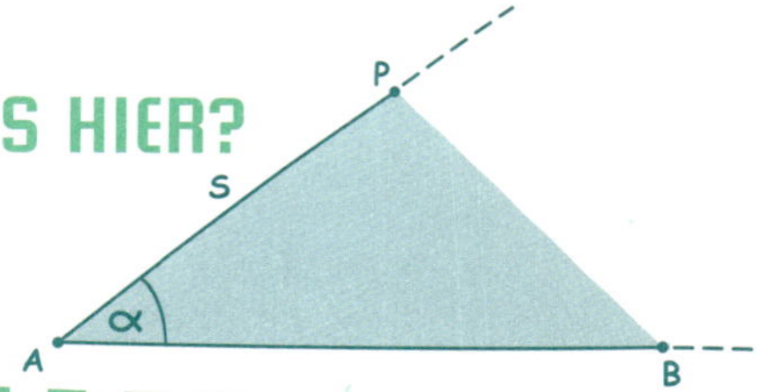

Die andere Gradeinteilung

Ein Winkel ist ein Teil einer Ebene, der von zwei Strahlen begrenzt wird, die einen gemeinsamen Anfangspunkt haben. Die beiden Strahlen heißen Schenkel des Winkels und ihren gemeinsamen Anfangspunkt bezeichnet man als Scheitel. Die Öffnung der beiden Strahlen wird in Winkelgraden von 0 ° bis 360 ° gemessen.
Beschreibt man einen Kreis mit dem Radius r um den Scheitel eines Winkels, ergibt die Schnittmenge zwischen Kreis und Winkel einen Kreisausschnitt, der mit dem Winkel und dem Radius eindeutig bestimmt ist. Der Winkel, der einen Kreisausschnitt bestimmt, heißt Mittelpunktswinkel. Ein Kreisausschnitt mit einem Mittelpunktswinkel von 360 ° entspricht einem Vollkreis. Ein Winkel von 90 ° (entspricht einem Viertelkreis) heißt rechter Winkel, ein Winkel kleiner als 90 ° ist ein spitzer, ein Winkel größer als 90 ° ist ein stumpfer und ein Winkel mit 180 ° ist ein gestreckter Winkel.

Die geheimnisvolle Taste auf dem Taschenrechner

Auf besseren Taschenrechnern (also nicht solchen, die man als Werbegeschenke an jeder Ecke hinterher geworfen bekommt und die nicht mehr als die Grundrechenarten und vielleicht noch das Wurzelziehen beherrschen) befindet sich normalerweise eine Taste mit der Bezeichnung *deg, rad* und *gon* – oder auch *Mode*. Wenn du auf diese Taste drückst und dann z. B. den Kosinus von 30 ° berechnen möchtest, gibt der Rechner kompletten Schrott aus, aber nicht die 0,5, die er als Ergebnis liefern sollte.

Wenn du genau hinsiehst, wirst du wahrscheinlich feststellen, dass der ominösen Taste eine kleine Anzeige im Display des Taschenrechners zugeordnet ist, die sich mit dem Drücken der Taste verändert und ebenfalls *deg*, *gon* und *rad* bzw. *d*, *g* und *r* lauten kann. Richtig rechnen wird dein Taschenrechner nur, wenn *deg* eingestellt ist. Dann liefert er dir für den Kosinus von 30 ° auch den korrekten Wert 0,5. Mit *deg* ist nämlich *degree* gemeint, das englische Wort für *Grad*.

Das Geheimnis dahinter ist, dass man Winkel nicht nur in Grad messen kann, sondern auch in anderen Maßeinheiten, z. B. in gon. Hierbei wird der Vollkreis nicht in 360, sondern in 400 Teile geteilt. Ein rechter Winkel hat demnach in diesem System 100 gon und ein Achtelkreis (45 °) umfasst 50 gon. Früher nannte man diese Einheit im deutschen Sprachraum auch Neugrad. Das Neugrad hatte 100 Neuminuten und jede Neuminute 100 Neusekunden.

Seit 1978 darf man diese Bezeichnungen nicht mehr verwenden. Das Gon wird auch nicht mehr in Minuten und Sekunden unterteilt, sondern in Zentigon und Milligon.

Entwickelt wurde das Gon im Zusammenhang mit der Einführung des Meters vor über 200 Jahren in Frankreich, um auch bei der Winkelmessung vom Zwölfersystem wegzukommen, das ja in der alten Teilung mit 360 ° zu je 60' zu je 60" steckt. Durchgesetzt hat sich die neue Winkelteilung allerdings nie wirklich, sie wird lediglich in der Vermessung verwendet. Der dritte Winkel-Modus deines Taschenrechners (rad) verwendet das sogenannte Bogenmaß, über das du im 7. Kapitel mehr erfährst (→ S. 89).

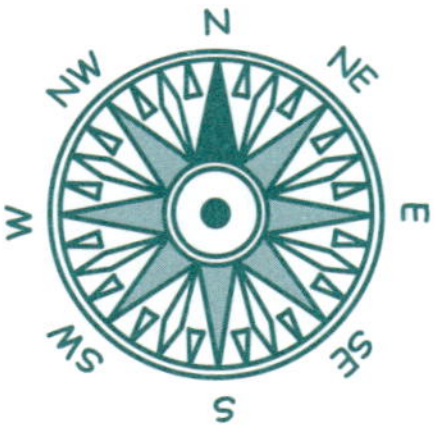

Schiffskompass

Marschkompass

Wo geht's lang?

Strich und Marschzahl

Es gibt noch zwei Winkelmaßeinheiten, die sich vom Kompass ableiten: Der in der Seefahrt früher übliche (Kompass-) Strich, der 1/32 des Vollkreises darstellt, und die Marschzahl, bei der die Kompassrose in 64 Segmente unterteilt wird.
Dass man die Himmelsrichtungen N, E, S, W weiter unterteilen kann, indem man die Zwischenrichtungen NE, SE, SW und NW einfügt, ist ja ein alter Hut. In der Nautik schreibt man übrigens *E* (von East) statt *O* für Osten, da man das *O* leicht mit einer Null verwechseln kann. Wenn die Einteilung noch feiner werden soll, führt man weitere Zwischenrichtungen ein: NNE (Nord-Nordost), ENE (Ost-Nordost) usw. Diese kann man ein weiteres Mal unterteilen: NNEzN (Nord-Nordost zu Nord), NNEzE (Nord-Nordost zu Ost) usw. Damit hat man dann 32 Himmelsrichtungen und damit die 32 Kompassstriche à 11,5 °.
Wenn man diese 32 Striche ein weiteres Mal halbiert, bekommt man die 64 Marschzahlen (5,75 °), die du auf der Rose eines Marschkompasses findest. Sie haben allerdings keine Namen, sondern man hat sie einfach von 0 bis 63 im Uhrzeigersinn nummeriert.

Winkel und Strecke

Ein Punkt P kann in Bezug auf zwei bekannte Punkte A und B definiert werden, indem man seine Entfernung s von A und den Winkel α zwischen AB und AP angibt. Das ergibt sich aus dem Kongruenzsatz SWS, da A, B und P als Ecken eines Dreiecks aufgefasst werden können.

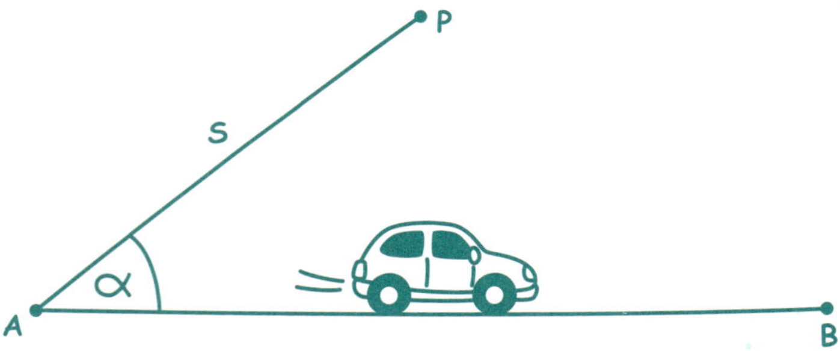

Was bitte ist ein Vektor?
Es gibt eine Menge Dinge, die kompliziert klingen, es aber gar nicht sind, wenn man genauer hinsieht. Das gilt z. B. für eine so wissenschaftlich klingende Sache wie den Begriff des Vektors. Ein Vektor ist nichts anderes als eine Größe, die nicht nur einen bestimmten Betrag hat – wie z. B. ein Druck oder eine Masse –, sondern auch eine bestimmte Richtung und eine Orientierung. Meist werden solche Vektoren wie bei Verschiebungen durch Pfeile (mit Länge, Richtung und Pfeilspitze) dargestellt.
Es gibt in der Mathematik und im praktischen Leben viele Dinge, von denen man nicht nur wissen muss, wie groß sie sind, sondern auch, wohin sie zeigen. Eine Geschwindigkeit ist z. B. immer ein

Vektor: Wenn du wissen willst, wann du wo ankommst, musst du nicht nur wissen, wie schnell du dich bewegst, sondern du solltest auch die Richtung kennen. Anders wird nichts draus. Für manche Zwecke ist es wiederum ausreichend, den Betrag eines Vektors zu kennen. Bei einer Geschwindigkeit wäre das z. B. der Fall, wenn du die kinetische Energie eines Körpers berechnen willst, der sich mit dieser Geschwindigkeit bewegt:

$$E_{kin} = \frac{m}{2} v^2$$

Die kinetische Energie hängt allein von v und m ab, alle anderen Eigenschaften des Vektors $\vec{v}$ (so schreibt man Vektoren: immer mit Pfeil) sind dabei unerheblich. Trotzdem bleibt eine Geschwindigkeit ein Vektor, denn natürlich bewegt sie den Körper irgendwohin, auch wenn man in manchen Zusammenhängen nur den Betrag benötigt.

Vektoraddition in der Seefahrt: das Koppeln

Vektoren kann man zeichnerisch addieren, indem man sie einfach aneinanderzeichnet. Für die Vektoraddition gibt es eine Menge praktischer Anwendungen, eine davon ist das zeichnerische Koppeln, mit dem Seeleute den Weg ihres Schiffes in der Seekarte bestimmen.

Das geht ganz einfach: Am Steuerkompass kann man ablesen, welchen Kurs das Schiff fährt. Den trägt man als Linie vom bekannten Ausgangspunkt in die Seekarte ein und hat somit einen geometrischen Ort bzw. eine Standlinie (→ S. 10 f.) – gleichzeitig die Richtung des Vektors. Die zweite Standlinie kommt durch die abgelaufene Strecke, die sogenannte Versegelung, zustande und ist gleichzeitig der Betrag des Vektors.

Mit einem Instrument namens Logge misst der Seemann außerdem die Geschwindigkeit des Schiffes und multipliziert sie mit der

Zeit ($s = v \cdot t$), die er mit dieser Geschwindigkeit auf dem betreffenden Kurs gesegelt ist. Vornehme Loggen zeigen die Versegelung sogar direkt an, wie der Kilometerzähler im Auto. Die Versegelung nimmt man in den Zirkel und trägt sie vom alten Schiffsort ab. Das ist der Betrag des Vektors und gleichzeitig der zweite geometrische Ort, die zweite Standlinie also, und schon hat der Nautiker den neuen Schiffsort: Dort, wo sich Gerade (Richtung) und Kreislinie (Betrag) schneiden. Von dort trägt er wiederum Kurs und Versegelung ab und so weiter, addiert also die Vektoren so, wie sich das Schiff bewegt.
Allerdings sind gekoppelte Schiffsorte nicht besonders genau, auch wenn man Berichtigungen für die Kompassfehlweisung, Wind und Strömung beachtet. Deswegen muss man immer wieder mit einem präziseren Verfahren, z. B. einer Kreuzpeilung, einen genaueren Schiffsort ermitteln, von dem man dann wieder eine Weile koppeln kann. Und heute nimmt man meist ein GPS-Gerät, das intern aber ähnlich arbeitet wie bei einer Kreuzpeilung.

Vektoren im Raum
So wie man einen Vektor in der Ebene durch einen Winkel und einen Abstand angeben kann, kann man ihn mit einem zweiten Winkel auch im Raum beschreiben. Der Winkel in der Ebene heißt *Azimut* und der zusätzliche Winkel wird als *Höhenwinkel* oder *Elevation* bezeichnet.

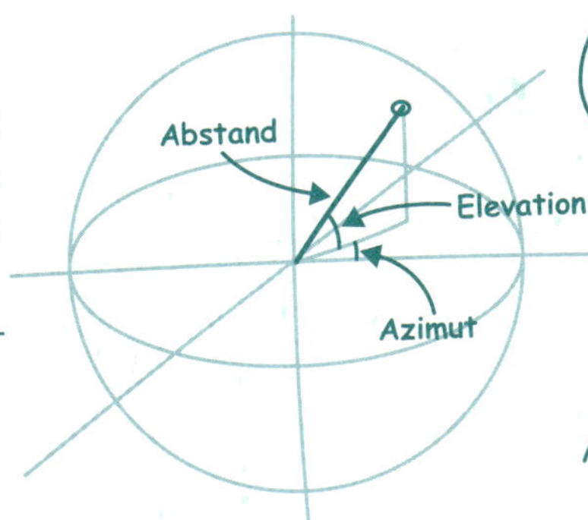

Winkel, Winkel, Winkel

Vektoren und Punkte

Aus dem gerade Gesagten folgt nun auch, dass jeder Punkt im Raum als Vektor angegeben werden kann, da er als Endpunkt eines solchen aufgefasst werden kann. Der Betrag des Vektors bezieht sich auf den Ursprung des Koordinatensystems und die beiden Winkel auf die von den Achsen aufgespannten Ebenen.

Vektoren und geometrische Örter

Einen Vektor kann man auch als eine Art Bausatz für einen Punkt auffassen, der zwei geometrische Örter umfasst: Der Betrag des Vektors liefert den Radius für einen Kreis um seinen Ausgangspunkt, Richtung und Orientierung bilden einen Strahl, der von diesem Ausgangspunkt ausgeht.

2. Koordinaten mit System

WAS TAUGT DAS?

Kartesius und sein Koordinatensystem

Ein Koordinatensystem besteht aus einer Rechts- bzw. x-Achse sowie aus einer Hoch- bzw. y-Achse, die senkrecht aufeinanderstehen und sich im Nullpunkt $(x=0/y=0)$ bzw. Ursprung schneiden. Man kann darin Zuordnungen zwischen Zahlen darstellen, also besonders gut auch Funktionen, die nichts anderes sind als eindeutige Zuordnungen. Außer durch eine Tabelle oder Funktionsgleichung kann man solche Zuordnungen auch durch Punkte im Koordinatenkreuz zeigen – dann kann man sehen, was so eine Gleichung eigentlich darstellt. Funktionen stellen ja eindeutige Beziehungen zwischen Zahlen her, z. B. zwischen x und y bei der Funktion $y = 1/2\ x$. Im kartesischen Koordinatensystem kann man nun schön die einzelnen Werte für x und die zugehörigen Funktionswerte für y an den jeweiligen Achsen abtragen. Dadurch findet man den Punkt, der die Funktion an dieser Stelle repräsentiert. Mit ausreichend vielen solcher Punkte – bei linearen Funktionen reichen zwei – kann man dann den sogenannten Graphen der Funktion zeichnen.

Das Kartesische Koordinatensystem

Das Koordinatensystem, das man dir in der Schule als das Koordinatensystem andreht, ist nur eines von mehreren Möglichkeiten. Ein solches Koordinatensystem aus senkrecht zueinander stehenden Achsen, auf denen man gleichzeitig die Abstände von Punkten zum Ursprung misst, heißt kartesisches Koordinatensystem. Es ist nach dem französischen Mathematiker, Philosophen und Naturwissenschaftler René Descartes benannt, dessen Nickname in der Wissenschaftler-Szene Cartesius bzw. Kartesius war. Er weilte von 1596 bis 1650 auf diesem schönen Planeten und von ihm stammt auch der berühmte Spruch *Cogito ergo sum (Ich denke, also bin ich)*.

Mit vielen Achsen

Darstellen kannst du kartesische Koordinatensysteme mit bis zu drei Achsen, also *x*-, *y*- und *z*-Achse. Gedanklich kann man sich aber durchaus auch mit kartesischen Koordinatensystemen herumplagen, die vier oder mehr Achsen aufweisen. Das hat sogar in der Praxis einen geistigen Nährwert, etwa wenn man mit technischen Vorgängen rechnen muss, die von mehr als drei Eingangsgrößen beeinflusst werden, und vorausgesetzt, man bekommt sie mithilfe der Mathematik in den Griff, wie etwa Druck, Temperatur, Dichte und Strömungsgeschwindigkeit eines Gases in einer Anlage.

Polarkoordinaten

Eine andere Art von Koordinaten sind die Polarkoordinaten. Genau genommen kennst du sie schon aus dem vorigen Kapitel, denn ein Satz sogenannter Polarkoordinaten, der einen Punkt definiert und aus einem bzw. zwei (im Raum) Winkeln und einem Abstand besteht, ist nichts anderes als ein Vektor: Der bzw. die Winkel geben Richtung und Orientierung an und der Abstand ist der Betrag des Vektors, der zu dem Punkt führt.

Mit Polarkoordinaten kann man z. B. die Position von Sternen in Bezug auf die Erde angeben. In der (beschreibenden) Astronomie spielt jedoch weniger die Entfernung der Sterne von der Erde eine Rolle als vielmehr ihre Winkelposition. Meistens tun Astronomen nämlich so, als würden die Sterne auf einer hypothetischen Kugel, dem Himmelsglobus, sitzen.

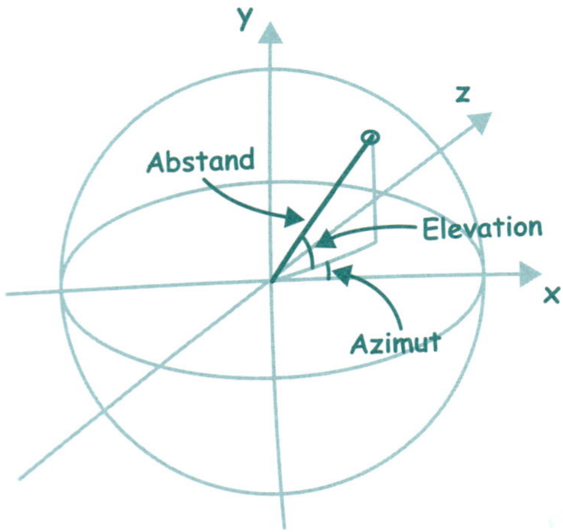

Koordinatentransformationen

Natürlich kann man Polarkoordinaten auch in kartesische Koordinaten umrechnen und umgekehrt. Dass das gehen muss, ist sonnenklar: Schließlich kann man einen Punkt mithilfe von Polarkoordinaten in ein Achsenkreuz einzeichnen und dann seine kartesischen Koordinaten herausmessen und umgekehrt. Alles, was schlaue Leute zeichnen können, können noch schlauere Leute nämlich auch rechnen. Logischerweise muss es daher auch einen rechnerischen Weg geben. Der ist sogar recht einfach: Wie man in der Abbildung sieht, ist der Abstand *s* zwischen Ursprung und

dem Punkt P nichts anderes als die Hypotenuse eines rechtwinkligen Dreiecks, dessen Ankathete der x-Achsenabschnitt von P bildet und dessen Gegenkathete so lang ist wie dessen y-Achsenabschnitt. Also knobeln wir uns die kartesischen Koordinaten folgendermaßen heraus:
$x_p = s \cos\alpha$ und $y_p = s \sin\alpha$

Der Kongruenzsatz WSW lässt grüßen

Auch diese bahnbrechende Neuigkeit ist wieder einmal nichts anderes als der Kongruenzsatz WSW in neuem Outfit: Mit dem Winkel α kennen wir einen Winkel und mit s eine Seite. Da es sich um ein rechtwinkliges Dreieck handelt, kennen wir außerdem den zweiten der die Strecke einschließenden Winkel, nämlich den bei P. Er muss $180° - 90° - \alpha$ betragen, da es sich um ein ebenes Dreieck mit einer Winkelsumme von 180° handelt.

Vektorzerlegung und rechnerische Vektoraddition

Die Umrechnung von Polarkoordinaten in kartesische Koordinaten ist übrigens dasselbe wie eine Vektorzerlegung: Jeder Vektor lässt sich in seine x- und seine y-Komponente zerlegen. Wenn es ein räumlicher Vektor ist, kommt noch die z-Komponente dazu. Auf diese Weise – alles was man zeichnen kann, kann man auch rechnen – kann man Vektoren auch rechnerisch addieren: Man zerlegt jeden der Vektoren in seine Komponenten, addiert diese vorzeichenrichtig und erhält dadurch die zwei bzw. drei Koordinaten des Summenvektors oder auch des Endpunktes.
Damit könnte man theoretisch auch das im vorigen Kapitel gezeigte Koppeln des Seemanns rechnerisch erledigen. Allerdings ist das nicht ganz so einfach: Hier pfuscht uns nämlich die Kugelform der Erde ins Handwerk sowie die Tatsache, dass man in Seekarten die kugelige Erdoberfläche auf ein flaches Blatt Papier platt gebügelt hat.

WIE FUNKTIONIERT DAS?

Funktionen, Funktionen, Funktionen

Eine Funktion ist eine Beziehung (Relation) zwischen zwei Elementen einer oder mehrerer Mengen, die das eine Element dem anderen eindeutig zuordnet. Bei der Funktion $f(x) = x^2$ oder $y = x^2$ ist z. B. jeder Zahl aus der Menge der reellen Zahlen genau ein Quadrat zugeordnet. Die Funktion ist ein Sonderfall der Relation.
Eine Funktion $y = f(x)$ zwischen Zahlen kann man in einem kartesischen Koordinatensystem darstellen, indem man die Punkte mit den entsprechenden x- und y-Koordinaten einzeichnet. Die so entstehende Linie heißt Graph der Funktion.
Eine Funktion der Form $f(x) = ax + b$ heißt lineare Funktion. Dabei ist b der y-Achsenabschnitt, das rechtwinklige Dreieck mit der Ankathete x und der Gegenkathete ax ist das Steigungsdreieck und α der Steigungswinkel. Gleichzeitig ist a die Steigung des Graphen.

Ein Durchschnittswert und die Fläche unter dem Graphen
Wenn du dir für einen beliebigen Wert *x* das Trapez aus *x*, dem Graphen von $f(x) = ax + b$, dem *y*-Achsenabschnitt *b* und dem Funktionswert *y* zu dem gegebenen *x* zeichnest, berechnet sich dessen Fläche *A* folgendermaßen:

$$A = x \frac{b + y}{2}$$

Klarer Fall: Das liegt daran, dass *A* die Form eines Trapezes hat. Dessen Flächeninhalt errechnet sich als der eines „Ersatzrechtecks“ mit dem Durchschnitt der beiden ungleichen Seiten des Trapezes als eine Seitenlänge. Der praktische Sinn dieser Überlegung besteht darin, dass man mit dieser Methode beispielsweise herausbekommt, wie viel Wasser in einer bestimmten Zeit in einen Behälter fließt, wenn sich die Zuflussgeschwindigkeit stetig erhöht.

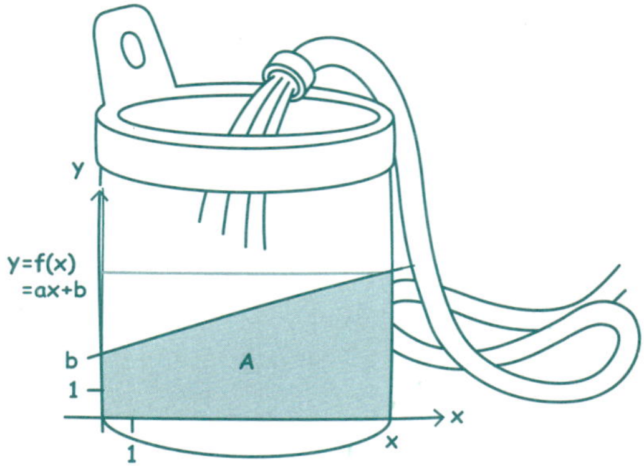

In welcher Zeit fließt wie viel Wasser in den Bottich?

Nehmen wir an, die Zuflussgeschwindigkeit bei $t_0 = 0$ Sekunden wäre 2 l/s und bei $t_1 = 20$ Sekunden wäre sie bei 5 l/s. Dein gesunder Menschenverstand sagt dir nun wahrscheinlich, dass du mit dem Durchschnitt aus diesen beiden Zahlenwerten rechnen musst, wenn du wissen willst, wie viel Wasser in der Zeit *t* (also in 20 Sekunden) geflossen ist. Dass du damit goldrichtig liegst, zeigt dir die Überlegung mit der Fläche unter dem Graphen.

Ein Integral ist auch nichts so Besonderes

Die Fläche unter dem Graphen der Funktion $f(x) = ax + b$ ist übrigens ein einfaches Beispiel für ein Integral. Man muss sich nämlich nicht immer gleich von schlauen Wörtern wie Integral ins Bockshorn jagen lassen, denn oft ist das, was dahintersteckt, überhaupt nicht so kompliziert. Bei der „richtigen“ Integralrechnung, mit der man dich in der Oberstufe erfreuen wird, sind es dann nicht nur Geraden, sondern auch andere Randkurven, die man auf diese Weise untersucht, was die Sache etwas komplizierter macht. Hinter das Prinzip des Integrierens bist du aber schon jetzt gekommen.

Schon wieder ein Integral: Beschleunigung und Weg
Durch die Überlegung mit der Fläche unter dem Graphen hast du herausgefunden, dass du die Funktion $f(x) = ax + b$ integrieren musst, um auf die Zuflussmenge in einer bestimmten Zeit bei gleichmäßig wachsendem Zufluss zu kommen. Das Gleiche funktioniert auch mit einer gleichmäßig beschleunigten Bewegung ($v = at$), wenn du wissen willst, welchen Weg du bei dieser Bewegung in einer bestimmten Zeit zurücklegst.
Schreiben wir das Ganze doch ruhig einmal richtig als Integral:

$$s = \int_{t_0}^{t_1} at \, dt$$

(das dt bedeutet, dass wir entlang der t-Achse integrieren)
Daraus wird dann die Formel $s = 1/2\,(t_1 - t_0) \cdot v_1$. Weil $t_0 = 0$, kann man auch gleich schreiben: $s = 1/2\,t_1 \cdot v_1$. Weil nun aber $v_1 = t_1 \cdot a$, lautet die Formel für den in der Zeit t mit der Beschleunigung a zurückgelegten Weg: $s = 1/2\,t_1 \cdot t_1 \cdot a$ oder besser gleich: $s = 1/2\,a \cdot t^2$.

Wo die komische Formel für die kinetische Energie herkommt
Aus dem Physikunterricht weißt du sicher, dass Arbeit das Produkt aus Weg und Kraft ist. Man kann sich nun weiter überlegen, dass die kinetische Energie, die in einem Körper der Masse m steckt, der sich mit der Geschwindigkeit v bewegt, der Arbeit entspricht, die man leisten musste, um den Körper mit einer Kraft f entlang einer Strecke s zu bewegen, wobei man ihn mit einer Beschleunigung a beschleunigt hat. Und bekanntlich behält ja auch eine Glei-

chung ihre Gültigkeit, wenn man beide Seiten mit dem gleichen Wert multipliziert. Multiplizieren wir daher doch einfach einmal unsere obige Gleichung mit einer Kraft f, damit auf der linken Seite aus dem Weg Arbeit bzw. Energie ($E = sf$) wird:

$$sf = \frac{fat^2}{2}$$

$$E_{kin} = \frac{fat^2}{2}$$

In Physik hast du hoffentlich mitbekommen, dass Kraft das Produkt aus Masse und Beschleunigung ist: $f = ma$. Das kannst du in deine Formel einsetzen:

$$E_{kin} = \frac{maat^2}{2}$$

oder besser:

$$E_{kin} = \frac{ma^2t^2}{2}$$

Dass $a = v/t$, weiß auch jeder. Das setzt du nun ebenfalls ganz nonchalant in die obige Formel ein, und da ja selbst ein Mathe-Noob weiß, dass der Nenner vom Zähler in den Nenner darf, wird daraus ...

$$E_{kin} = \frac{mv^2t^2}{2t^2}$$

... wobei sich das t^2 ganz elegant heraus kürzt und du – voilà! – mit

$$E_{kin} = \frac{mv^2}{2}$$

die Formel erhältst, mit der man im ganzen bekannten Universum die kinetische Energie eines Körpers berechnet.

3. Prim-adonnen der Mathematik

PRIMZAHLEN

Der Satz des Euklid oder Wie viele Primzahlen gibt es eigentlich?

Eine Primzahl ist eine Zahl, die nur durch 1 und sich selbst teilbar ist.

Primzahlen sind spannende Zahlen, weil sie allerhand interessante Eigenschaften haben. Schon seit dem Altertum haben sie viele Mathematiker fasziniert. Schaut man sich die Reihe der Primzahlen einmal an ...

2, 3, 5, 7, 11, 13, 17, 19, 23, 29, 31, 37, 41, 43, 47, 53, 59, 61, 67, 71, 79, 83, 89, 97 usw.

... stellt man fest, dass sie offenbar immer seltener werden, je weiter man zählt. Da fragt man sich doch, ob diese seltsamen Zahlen lediglich immer rarer werden oder ob es irgendwo eine allerletzte Primzahl gibt, ihre Anzahl also endlich ist. Diese Frage ist manchen Leuten bereits im Altertum im Hinterkopf herumgeschlichen, und tatsächlich hat schon damals ein echter Mathe-Freak die Antwort rausgekriegt: Euklid von Alexandria (ja genau, der mit der euklidschen Geometrie), der ca. 360–ca. 280 v. Chr. lebte, stellte ein verblüffend einfaches Gedankenexperiment an, das von folgender Tatsache ausgeht: Wenn man eine Zahl x nimmt, die aus mehreren Faktoren besteht, z. B. $x = 2 \cdot 3 \cdot 5 = 30$, und zählt 1 hinzu, ist diese Zahl $x + 1$ durch keinen einzigen Faktor von x teilbar:

31 ist weder durch 2 noch durch 3 und auch nicht durch 5 teilbar. Nehmen wir einfach einmal an, es gäbe eine größte Primzahl P_{max}. Stellen wir uns ferner vor, wir multiplizieren alle Primzahlen bis P_{max} und zählen zu dieser Zahl 1 hinzu. Dann wäre diese Zahl durch keine einzige der Primzahlen bis P_{max} teilbar. Das wiederum bedeutet jedoch nichts anderes, als dass diese neu gefundene Zahl entweder selbst eine Primzahl größer als P_{max} ist oder aber ein Produkt aus Primzahlen, die ebenfalls größer als P_{max} sein müssten.

Primzahlen herausschütteln: das Sieb des Eratosthenes

Um Primzahlen zu finden, kann man natürlich eine ungerade Zahl nach der anderen daraufhin untersuchen, ob sie durch eine kleinere Zahl teilbar ist. Das wäre allerdings die pure Knochenarbeit und nichts für echte Mathematiker. Einfacher und eleganter – also mathematischer – geht es mit dem Sieb des Eratosthenes. Dieser Eratosthenes von Kyrene (ca. 275–ca. 194 v. Chr.) hat sich diese Methode zwar nicht selbst ausgedacht, aber ihr den Namen Sieb gegeben. Bekannt war sie schon vor ihm.

Sie geht ganz leicht: Man macht einfach eine Liste der ungeraden Zahlen bis zu einer bestimmten Obergrenze. Dann spürt man in dieser Liste systematisch die Vielfachen der Primzahlen, also alle Dreier-, Fünfer-, Siebener- usw. -Zahlen auf:

Zu untersuchende Zahlen:

3, 5, 7, 9, 11, 13, 15, 17, 19, 21, 23, 25, 27, 29, 31

Dreier raus: 3, 5, 7, ~~9~~, 11, 13, ~~15~~, 17, 19, ~~21~~, 23, 25, ~~27~~, 29, 31

Fünfer raus: 3, 5, 7, ~~9~~, 11, 13, ~~15~~, 17, 19, ~~21~~, 23, ~~25~~, ~~27~~, 29, 31

Jetzt wären noch die Siebener dran, aber die einzige Siebenerzahl 21 ist bereits als Dreierzahl ausgesondert. Mit der 11 zu prüfen, können wir uns auch schenken. $2 \cdot 11 = 22$ ist ja keine ungerade Zahl und $3 \cdot 11 = 33$ ist bereits größer als die Grenze 31, bis zu der wir suchen wollten. Und so haben wir die Primzahlen bis 31 alle dingfest gemacht. Die Obergrenze für die mit dem Sieb des Eratosthenes zu untersuchenden Zahlen kann man theoretisch beliebig hoch ansetzen, vor allem, wenn man einen Computer benutzt.

Primzahlzwillinge
Wenn man sich die Liste der Primzahlen ...
2, 3, 5, 7, 11, 13, 17, 19, 23, 29, 31, 37, 41, 43, 47, 53, 59, 61, 67, 71, 79, 83, 89, 97 usw. einmal genauer ansieht, fällt auf, dass es darin immer wieder einmal Pärchen gibt, die sich nur um zwei unterscheiden: 3 und 5, 5 und 7, 11 und 13, 17 und 19 usw. Diese Zahlenpaare bezeichnet man als Primzahlzwillinge. Diesen Namen gab ihnen der Mathematiker Paul Stäckel (1862–1919).

Wie viele Primzahlzwillinge gibt es?
Auch die Primzahlzwillinge scheinen, wie die Primzahlen selbst, immer seltener zu werden. Ob sie anders als diese irgendwann einmal aufhören oder ob es auch davon unendlich viele gibt, konnte bis heute trotz vieler Versuche nicht geklärt werden.

Primzahl-Fans
Es gibt auch heute noch sehr viele Mathematiker, die total auf Primzahlen abfahren. Immer wieder kommt einer von ihnen freudestrahlend daher, weil er eine neue größte bekannte Primzahl ermittelt hat. Meist handelt es sich dabei um Primzahlen, die gleichzeitig sogenannte Mersenne-Zahlen der Form $2n - 1$ sind, da diese sich besonders gut testen lassen.

Das Rätsel der Fermat-Zahlen
Eine Zahl der folgenden Form nennt man Fermat-Zahl:

$$F_n = 2^{(2^n)} + 1 \text{ mit } n \in \mathbb{N}_0$$

Die ersten Fermat-Zahlen sind:

$F_0 = 2^{(2^0)} + 1 = 2^1 + 1 = 3$
$F_1 = 2^{(2^1)} + 1 = 2^2 + 1 = 5$
$F_2 = 2^{(2^2)} + 1 = 2^4 + 1 = 17$
$F_3 = 2^{(2^3)} + 1 = 2^8 + 1 = 257$
$F_4 = 2^{(2^4)} + 1 = 2^{16} + 1 = 65.537$

Ihren Namen haben die Fermat-Zahlen von dem französischen Mathematiker Pierre de Fermat, der ca. 1607/08–65 in Frankreich gelebt hat. Fermat selbst glaubte, dass nicht nur die ersten fünf, sondern alle Fermat-Zahlen auch Primzahlen seien. Leonhard Euler (1707–83) fand jedoch 1732 heraus, dass sich bereits die sechste Fermat-Zahl 4.294.967.297 durch 641 teilen lässt.
Heute gehen die Vermutungen der Mathematiker dahin, dass tatsächlich nur die ersten fünf Fermat-Zahlen auch gleichzeitig Primzahlen sind. Bewiesen ist das jedoch nicht und so bleibt die Lösung dieser Frage, genauso wie die nach der Anzahl der Primzahlzwillinge, vorerst offen und damit eine Möglichkeit, mathematischen Ruhm zu erwerben.

PRIMFAKTOREN

Was ist ein Primfaktor?

Jede natürliche Zahl, die nicht selbst eine Primzahl ist, lässt sich als Produkt aus Primzahlen darstellen. Diese Faktoren nennt man die Primfaktoren der Zahl.

Den Fundamentalsatz der Arithmetik wirft keiner um
Die Regel, dass sich jede natürliche Zahl, die selbst keine Primzahl ist, als ein Produkt von Primzahlen darstellen, also in Primfaktoren zerlegen lässt, ist wie vieles, das man in der Schule lernt, nur die halbe Wahrheit. Tatsächlich lässt sich jede natürliche Zahl, die selbst keine Primzahl ist, auf genau eine Art in Primfaktoren zerlegen. Nicht mehr und nicht weniger. Diese Regel nennt man auch den Fundamentalsatz der Arithmetik.

Warum die 1 keine Primzahl ist
Wie du sicher weißt, ist die 1 angeblich keine Primzahl, obwohl sie der Definition einer solchen entspricht:
Zweifelsohne ist die 1 nämlich (nur) durch 1 und sich selbst teilbar.
Die Behauptung, dass die 1 keine Primzahl sei, weil es nicht gelten würde, wenn die beiden Bedingungen zusammenfallen (teilbar durch sich selbst und durch 1), ist nicht nur eines Mathematikers unwürdig, sondern auch nicht haltbar, denn das gibt die Definition in der Tat nicht her. Schließlich kann ein Metzger ja auch gleichzeitig Koch sein, eine Wurst herstellen und sie selbst braten. Das würde nichts daran ändern, dass diese Wurst von einem Metzger gemacht und von einem Koch gebraten wurde.

Ob Koch oder Metzger:
Hauptsache, es schmeckt!

Es gibt aber tatsächlich einen triftigen Grund dafür, dass die 1 keine Primzahl sein kann: Wäre sie nämlich eine, könnte man z. B. 30 nicht nur in die Primfaktoren $2 \cdot 3 \cdot 5$ zerlegen, sondern auch in $1 \cdot 2 \cdot 3 \cdot 5$ oder in $1 \cdot 1 \cdot 2 \cdot 3 \cdot 5$ usw.
Das aber würde gegen den Fundamentalsatz der Arithmetik verstoßen, denn dann könnte man jede Zahl auf beliebig viele Arten in Primfaktoren zerlegen und nicht nur auf eine, wie es sich gehört: Außer der anständigen Art mit richtigen Primzahlen gäbe es noch beliebig viele Alternativen mit zusätzlichen Einsen. Das kann jedoch keinesfalls angehen und so hält der zünftige Mathematiker es hier mit dem Herrn Palmström aus den Gedichten von Christian Morgenstern: „Und drum, so schließt er messerscharf, dass nicht sein kann, was nicht sein darf!“
Übrigens und wenn wir schon einmal dabei sind: Du könntest ja deinen Lehrer auch schocken, indem du die Ansicht vertrittst, dass die 1 überhaupt keine Zahl ist, denn jede Zahl ändert den Wert eines Produktes, wenn man sie als Faktor hinzufügt, die 1 aber tut das nicht. Schließlich wurde ja auch schon bezweifelt, dass die 0 eine Zahl sei, obwohl sie den Wert eines jeden Produktes ganz erheblich ändert!

4. Die Wurzeln allen Übels

WIE KOMMT DIE ZAHL DA HOCH?

Quadratzahlen

Das Quadrat einer Zahl x erhält man, indem man diese Zahl mit sich selbst multipliziert: $x \cdot x = x^2$. Sogenannte Quadratzahlen sind diejenigen Zahlen, die Quadrate natürlicher Zahlen n sind: $n \cdot n = n^2$

Ein geheimnisvoller Zusammenhang

Irgendein Schlauberger hat einmal herausgekriegt, dass jede Quadratzahl n^2 die Summe der ersten n ungeraden natürlichen Zahlen ist.

Ein paar Beispiele:

$2^2 = 4$ und $1 + 3 = 4$

$3^2 = 9$ und $1 + 3 + 5 = 9$

$4^2 = 16$ und $1 + 3 + 5 + 7 = 16$

$5^2 = 25$ und $1 + 3 + 5 + 7 + 9 = 25$

$6^2 = 36$ und $1 + 3 + 5 + 7 + 9 + 11 = 36$

$7^2 = 49$ und $1 + 3 + 5 + 7 + 9 + 11 + 13 = 49$

$8^2 = 64$ und $1 + 3 + 5 + 7 + 9 + 11 + 13 + 15 = 64$

$9^2 = 81$ und $1 + 3 + 5 + 7 + 9 + 11 + 13 + 15 + 17 = 81$

Diesen Zusammenhang kann man nutzen, um problemlos von einer Quadratzahl n^2 auf die nächste $(n + 1)^2$ zu schließen: Man zählt einfach zu n^2 die $n + 1$-te ungerade Zahl hinzu.

Noch ein Beispiel:
Bekannt sei $11^2 = 121$, gesucht sei 12^2. Die zwölfte ungerade Zahl ist 23. Zählt man diesen Wert zu 121 hinzu, erhält man 144 und damit – oh Wunder! – das Quadrat von 12.

Ein weiteres Beispiel:
Kennt man mit 289 das Quadrat von 17, kann man die 18. ungerade Zahl hinzuzählen, nämlich 35, und schon erhält man mit 324 das Quadrat von 18.
Jetzt haben wir fast schon herausgekriegt, was dahintersteckt. „Zähle zu n^2 die $n + 1$-te ungerade Zahl hinzu" schreibt sich als Formel nämlich so:
$(n + 1)^2 = n^2 + 2n + 1$.
Da $1^2 = 1$ und $n \cdot 1 = n$, könnte man auch schreiben:
$(n + 1)^2 = n^2 + 2 \cdot 1 \cdot n + 1^2$
Und das ist nichts anderes als die erste der berüchtigten Binomischen Formeln (für $a = n$ und $b = 1$):
$(a + b)^2 = a^2 + 2ab + b^2$.

Eine kleine Schreibhilfe am Computer
Hochzahlen kann man bei Textverarbeitungsprogrammen recht umständlich mit dem Menüpunkt zur Zeichenformatierung erzeugen. Bei der hochgestellten 2 geht es aber auch einfacher: Wenn du beim Eintippen die Taste *Alt Gr* gedrückt hältst, wird die 2 ebenfalls hochgestellt: ^{2}

Noch eine Schreibhilfe am Computer
Die 2 und die 3 brauchst du beim Schreiben recht oft als Hochzahlen. Das liegt auch daran, dass sie bei Flächen und Raummaßen wie m^2 bzw. cm^3 benötigt werden. Auch die 3 kannst du an der Computertastatur bequem als Hochzahl eingeben, wenn du beim Eintippen die Taste *Alt Gr* festhältst.

Potenzen

Wenn man eine Zahl x n-mal mit sich selbst multipliziert, erhält man die n-te Potenz der Zahl x:
$x^n = x \cdot x \cdot x \ldots$ (n-mal) – z. B. $2^3 = 2 \cdot 2 \cdot 2 = 8$.
Um den einfachen (jährlichen) Zins Z zu berechnen, der auf ein Kapital K beim Zinssatz p fällig wird, muss man das Prozentrechnen beherrschen:

$$Z = \frac{p \cdot K}{100}$$

Beim gewöhnlichen Zins muss man zu dem Kapital also pro Jahr den Zins Z nach der obigen Formel hinzuzählen. Geht es jedoch um Zinseszins, kommen Potenzen ins Spiel. Ein Kapital, das mit dem Zinssatz p verzinst wird, wächst dann jedes Jahr um den Faktor 1 + p/100. Die Formel für das Kapital K_n nach n Jahren sieht daher so aus:

$$K_n = K_0 \cdot \left(1 + \frac{p}{100}\right)^n$$

Die Mehrwertsteuer von 19 % macht sich dann z. B. so bemerkbar:
$K \cdot 1{,}19$ (1 Jahr)
$K \cdot 1{,}19^n$ (nach n Jahren)
Hier werden also im 2. Jahr schon die Zinsen des ersten Jahres mitverzinst.

Die Zinstheorie
Der Zins ist schon immer eine Sache gewesen, bei der viele Leute moralisches Bauchweh hatten. Im Alten Testament wurde den Israeliten verboten, von „ihren Brüdern“ Zins zu nehmen. Da nach christlichem Verständnis ja alle Menschen Brüder sind, durften Christen im Mittelalter überhaupt keinen Zins verlangen.
Sogar heute noch wird der Zins in der Wirtschaftswissenschaft moralisch gewürdigt: Die Zinstheorie ist nicht etwa eine mathematische Theorie, sondern eine ethische, die versucht, den Zins moralisch zu rechtfertigen. Dabei wird z. B. argumentiert, dass jemand, der eine Geldsumme besitzt, sich davon etwa eine Maschine kaufen und damit Geld verdienen könnte. Verleiht er das Geld stattdessen, geht ihm dieser Gewinn durch die Lappen und der Zins ist daher die Entschädigung für den entgangenen Gewinn.

Wer darf Zinseszins verlangen?
Dass der Zins auch heute noch als etwas Problematisches gesehen wird, erkennt man daran, dass man bei uns normalerweise keinen Zinseszins verlangen oder gewähren darf. Zinseszins ist nur im Verkehr mit Banken erlaubt: Diese dürfen sowohl bei Krediten Zinseszins kassieren als ihn auch für Guthaben gewähren. Gewöhnliche Geschäftsleute hingegen dürfen z. B. bei Zinsen für zu spät bezahlte Rechnungen lediglich den eigentlichen Rechnungsbetrag verzinsen, nicht jedoch die bereits angefallen Zinsen.

Der Josephspfennig
Dass der Zinseszins vom Gesetzgeber so restriktiv behandelt wird, liegt wohl daran, dass er bei langen Zeiträumen oder großen Beträgen zu sehr hohen Summen führt. Der englische Moralphilosoph Richard Price (1723–91) rechnete 1772 aus, zu welcher Summe ein Penny angewachsen wäre, wenn ihn Joseph bei der Geburt

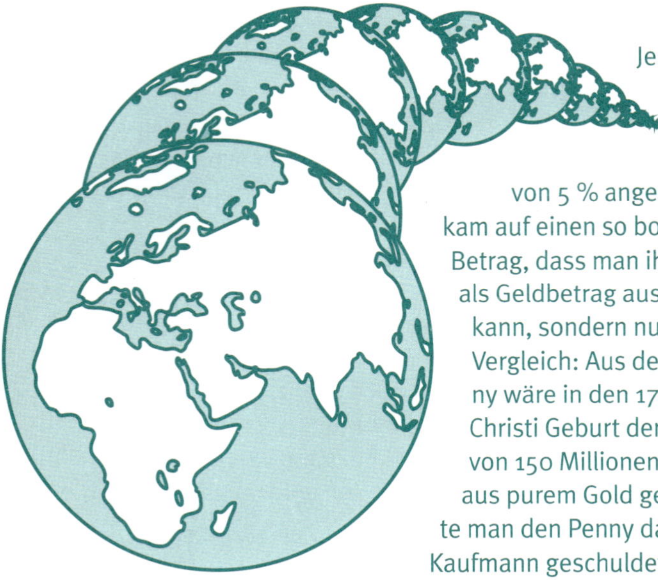

150 Millionen Erdkugeln aus Gold

Jesu Christi bei einer Bank zu einem Zinssatz von 5 % angelegt hätte. Er kam auf einen so bombastischen Betrag, dass man ihn gar nicht als Geldbetrag ausdrücken kann, sondern nur mit einem Vergleich: Aus dem einen Penny wäre in den 1772 Jahren seit Christi Geburt der Gegenwert von 150 Millionen Erdkugeln aus purem Gold geworden. Hätte man den Penny dagegen einem Kaufmann geschuldet, der keinen Zinseszins verlangen darf, wären daraus gerade einmal 7 Shilling 4 1/2 Pence geworden.

Was hat es mit negativen Potenzen auf sich?

Bei einer negativen Potenz x^{-n} wird die Zahl 1 n-mal durch x geteilt.
Beispiel:

$$5^{-2} = \frac{1}{5^2} = \frac{1}{25}$$

x^{-n} ist also nichts anderes als der Kehrwert von x^n.

Negative Potenzen bei Einheiten

Speziell über die erste negative Potenz stolperst du heutzutage in naturwissenschaftlichen und technischen Zusammenhängen alle Nase lang: Man benutzt sie hier gerne, wenn man den Kehrwert ausdrücken will, weil das die Bruchschreibweise erspart – wohl nicht zuletzt auch deswegen, weil sich beim Schreiben mit dem Computer Hochzahlen weniger umständlich darstellen lassen als Brüche. Besonders bei Einheiten findet man die Schreibweise eines Kehrwerts als erste negative Potenz recht oft, z. B. bei min^{-1} anstatt 1/min. Das ist die Maßeinheit für Frequenzen und damit z. B. auch für Drehzahlen.

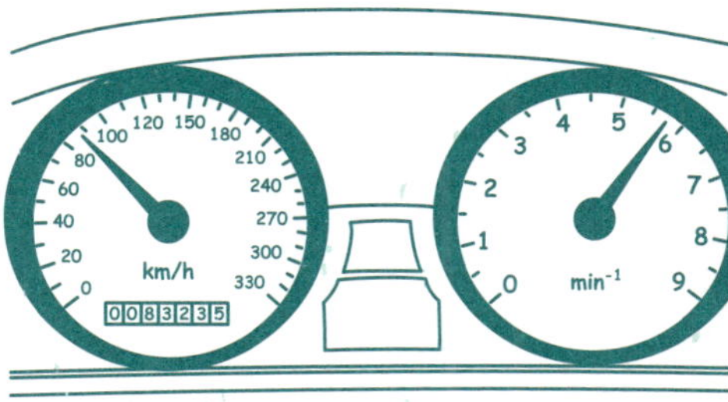

In fast jedem Auto zu finden:
Tachometer und Drehzahlmesser

WIE KOMMT DIE ZAHL DA DRUNTER?

Quadratwurzeln

Die Quadratwurzel einer Zahl n, oft auch kurz nur als Wurzel von n bezeichnet, ist diejenige Zahl, die mit sich selbst multipliziert die Zahl n ergibt.

Ein Iterationsverfahren: Das heronsche Verfahren zum Wurzelziehen

Wurzeln zieht man heute ja in aller Regel mit dem Taschenrechner. Es gibt aber ein leicht verständliches Verfahren, mit dem man Wur-

zeln auch in Eigenleistung ziehen kann. Es ist als das heronsche Verfahren bekannt und vor allem auch deswegen interessant, weil es ein gutes und leicht nachvollziehbares Beispiel für ein Iterationsverfahren ist, also für ein Verfahren, bei dem man durch wiederholte Anwendung einen Näherungswert schrittweise verbessert.
Die Wurzel einer Zahl erhält man ja, wenn man diese Zahl durch ihre Wurzel teilt. Dazu müsste man jetzt aber die Wurzel kennen, was eben nicht der Fall ist. Trotzdem hilft uns diese Weisheit weiter: Wenn wir die Wurzel schätzen und die Zahl durch diesen Schätzwert teilen, müsste, wenn wir richtig geschätzt haben, wiederum genau dieser Schätzwert herauskommen. Das passiert zwar in der Praxis nicht, aber es hilft uns weiter, wie du gleich sehen wirst. Schätzen wir also einfach einmal: $\sqrt{5}$ könnte 2 sein.
Die Probe zeigt:
$5 : 2 = 2{,}5$
Pech gehabt! Davon geht aber die Welt nicht unter, denn mit dem Schätzwert und dem Quotienten aus Zahl und Schätzwert, haben wir jetzt zwei Grenzen, zwischen denen sich die Wurzel befinden muss. Da 2,5 größer ist als $\sqrt{5}$ und 2 kleiner, muss jede Zahl dazwischen näher an der gesuchten Wurzel liegen als diese beiden ersten Werte. Nehmen wir der Einfachheit halber doch den Mittelwert aus den beiden Zahlen, die 2,25:
$5 : 2{,}25 = 2{,}22222...$
Nehmen wir jetzt wiederum den Mittelwert und teilen die 5 durch ihn, erhalten wir mit 2,36111... bereits einen recht guten Näherungswert zu den 2,3606797749979, die der Taschenrechner liefert.
Durch noch mehr Schritte kannst du die Genauigkeit beliebig steigern, allerdings niemals absolute Genauigkeit erreichen (außer bei den Quadratzahlen natürlich). Da man – du kennst das sicher aus der Physik – in Naturwissenschaft und Technik meist nur auf drei Stellen genau zu rechnen braucht, reichen solche Iterationsverfahren, z. B. bei Konstruktionen im Maschinenbau, in aller Regel völlig aus.

Schon wieder die Babylonier ...
Das gerade beschriebene Verfahren zum Wurzelziehen ist nach dem griechischen Gelehrten Heron von Alexandria benannt, von dem man nur weiß, dass er etwa im 1. Jahrhundert gelebt hat. Erfunden hat er es allerdings nicht, es war bereits in Babylon bekannt. Deswegen nennen manche Leute dieses Verfahren auch babylonisches Verfahren. Klingt doch auch nicht schlecht, oder? Du kannst dir sicher denken, dass es diesen Mathematikern dabei eigentlich um Geometrie ging, denn Wurzeln und dergleichen waren ihnen noch nicht bekannt. Die Frage war immer, ob – und vor allem: wie – man ein Rechteck vom Flächeninhalt $A = 5$, also etwa eines mit Länge $l = 5$ und Breite $b = 1$, in ein flächengleiches Quadrat verwandeln könne. Wir wissen heute, dass die Seitenlänge des Quadrates genau $\sqrt{5}$ sein muss, die Alten konnten sich diesem Wert nur beliebig annähern; $l_1 = 2{,}5$ und $b_1 = 2$; $l_2 = 2{,}25$ und $b_2 = 2{,}22222...$ usw. Aber immerhin sah das Ergebnis dann schon nach drei Schritten (fast) wie ein Quadrat aus.

Irrationale Zahlen

Diejenigen Zahlen, die sich als abbrechende oder periodische Dezimalzahlen, also als Brüche schreiben lassen, heißen rationale Zahlen. Es gibt nun aber auch Zahlen, die sich weder als abbrechende noch als periodische Dezimalzahlen schreiben lassen, weil ihre Nachkommastellen weder aufhören noch sich regelmäßig wiederholen. Diese Zahlen kann man daher auch nicht als Brüche schreiben. Sie heißen irrationale Zahlen. Rationale und irrationale Zahlen bilden gemeinsam die Menge der reellen Zahlen.

Das Dezimalsystem ist gar nicht relevant

Dass einem irrationale Zahlen ein wenig seltsam erscheinen, ist normal. Vielleicht ist es dir aber auch bereits komisch vorgekommen, dass man z. B. 1/3 nicht als abbrechende Dezimalzahl schreiben kann. Trotzdem ist 1/3 genauso eine rationale Zahl wie 1/4. Dass man sie als Dezimalzahl nicht ordentlich schreiben kann und man dazu die Hilfskonstruktion der Periode braucht, also die Dezimalzahl für 1/3 nicht abbricht, spielt für Madame Mathematica absolut keine Rolle, denn sie ist an kein Zahlensystem gebunden. Der Grund dafür ist nämlich einzig und allein der, dass wir das Dezimalsystem verwenden und die 3 zu sämtlichen Potenzen der 10 teilerfremd ist. In einem Zwölfersystem beispielsweise würde 1/3 überhaupt nicht unangenehm auffallen, da man hier schlicht 0,4 schreiben würde, wenn man eine Kommazahl nutzen wollte. Dafür würde ein Zwölfersystem dann aber wiederum Ärger mit der 5 als Nenner machen.

Die Pythagoreer und ihr Horror vor irrationalen Zahlen

Wenn dir irrationale Zahlen komisch vorkommen, bist du damit genau genommen in guter Gesellschaft: Schon die alten Griechen hatten ein Problem damit, sich Zahlen vorzustellen, die man nicht in Brüche gebacken bekam. Bis zu den Pythagoreern ging man davon aus, dass sich alles auf dieser Welt als ganzzahliges Verhältnis, also als Bruch darstellen lässt. Von *Ratio*, also *Verhältnis*, kommen auch die Bezeichnungen *rational* und *irrational*. Wenn man will, kann man *rational* und *irrational* spaßeshalber auch mit *vernünftig* und *unvernünftig* übersetzen. Lustigerweise trifft man damit sogar genau das, was die alten Griechen bei der Entdeckung der irrationalen Zahlen empfanden: Sie sahen sie als Widerspruch zur göttlichen Ordnung an, die man in ganzzahligen Verhältnissen zu erkennen glaubte. Also, wenn man so will, als unvernünftige Zahlen.

Man weiß nun nicht genau, ob die Pythagoreer tatsächlich beim Herumbosseln mit der Diagonalen im Quadrat dahinterkamen oder durch stetige Teilung am Pentagramm, auf jeden Fall kriegten sie heraus, dass es Verhältnisse gibt, die sich nicht als ganzzahlige Brüche ausdrücken lassen. Das war ein herber Schlag für das damalige Weltbild und die Pythagoreer probierten laut einer Legende daher zunächst, diese Entdeckung ganz dezent zu vertuschen. Allerdings, so heißt es weiter, konnte einer von ihnen, Hippasos von Metapont, der im späten 6. und frühen 5. Jahrhundert v. Chr. lebte, es sich nicht verkneifen, die Entdeckung der irrationalen Zahlen bekannt zu machen. Zur Strafe dafür ließen ihn die Götter im Meer ertrinken. Was tatsächlich dran ist an der Story, weiß man nicht genau – etwa ob Hippasos tatsächlich etwas über die Entdeckung der irrationalen Zahlen veröffentlichte. Was man allerdings weiß, ist, dass er bei den Pythagoreern umstritten war, also möglicherweise jemand war, den wir heute als Querdenker bezeichnen würden.

Es kommt noch derber: imaginäre und komplexe Zahlen

Die seltsamen irrationalen Zahlen sind aber noch lange nicht alles, was uns die Mathematik an Kuriositäten zu bieten hat. Wenn auch Zahlen, die weder als abbrechende noch als periodische Dezimalzahlen geschrieben werden können, schon den alten griechischen Philosophen und Mathematikern Probleme machten, haben sie immer noch den Vorzug, dass es sie tatsächlich gibt. Rationale und irrationale Zahlen ergeben zusammen ja die reellen Zahlen, wobei dieser Ausdruck nicht umsonst so ähnlich klingt wie reale Zahlen. Längen, Massen, Drücke und dergleichen Größen kann man immer in reellen Zahlen ausdrücken. In seinen Schädel bekommt man das, indem man sich klarmacht, dass die reellen Zahlen jene Zahlen sind, denen man Punkte auf der Zahlengeraden zuordnen kann.

Es gibt jetzt aber auch noch Zahlen, die gar nicht auf dieser Zahlengeraden liegen, mit denen man aber trotzdem rechnen und ganz reale Probleme lösen kann. Diese Zahlen heißen imaginäre Zahlen. Der Name sagt schon alles: Zahlen, die man sich nur vorstellt, die aber (auf unserer Zahlengeraden) nicht vorkommen – also in diesem Sinne nicht wirklich existieren.
Eine solche Zahl, die eigentlich gar nicht existiert, wäre beispielsweise die Lösung der Gleichung $x^2 + 1 = 0$. Die Lösung dieser Gleichung wäre die Quadratwurzel aus -1 und wie du ja weißt, haben negative Zahlen keine Quadratwurzeln. Um nun doch eine Lösung für die Gleichung $x^2 + 1 = 0$ zu bekommen, tut man einfach so, als gäbe es eine Zahl, die mit sich selbst multipliziert -1 ergibt. Diese Zahl nennt man die imaginäre Einheit und kürzt sie mit dem Kürzel i ab. Mit den imaginären Zahlen erweitert man die Menge der reellen Zahlen zur Menge der komplexen Zahlen.
Da man weiß, wie sich die Wurzeln positiver rationaler Zahlen zueinander verhalten, kann man aus den dabei gültigen Gesetzmäßigkeiten auf Rechenregeln für imaginäre Wurzeln aus negativen Zahlen schließen und daher sogar mit imaginären Zahlen rechnen. Das ist zwar sehr theoretisch, aber doch nützlich, denn es gibt in Naturwissenschaft und Technik Aufgabenstellungen, bei denen imaginäre Zahlen recht hilfreich sind. Tja, wie manche Wissenschaftler gerne sagen: Es gibt eben nichts Praktischeres als eine gute Theorie.

Messer Cardano, Herr Euler und die imaginären Zahlen
Die imaginären Zahlen sind nun ausnahmsweise einmal etwas, das die alten Griechen noch nicht kannten. Der Erste, von dem man weiß, dass er mit komplexen, also mit reellen und imaginären Zahlen rechnete, war Gerolamo Cardano (1501–76). Cardano erfand unter anderem auch den kardanischen Ring. Das ist eine witzige Vorrichtung aus zwei ineinander sitzenden Ringen, mit

der man etwas so aufhängen kann, dass man es in alle Richtungen drehen kann. Als kardanische Aufhängung kennt man diese Konstruktion z. B. bei Globussen und Schiffskompassen. Das Kardangelenk, mit dem man gelenkige Wellen wie die Kardanwelle im Auto bauen kann, ist ebenfalls vom kardanischen Ring abgeleitet. Für die Einführung der Bezeichnung *i* für die imaginäre Einheit ist Leonhard Euler (1707–83) dringend verdächtig.

Globus mit kardanischer Aufhängung

Imaginäre Zahlen in der Elektrotechnik

Wie du wahrscheinlich weißt, kann man mit dem ohmschen Gesetz recht einfach Dinge über Spannung, Strom und Widerstand in einem Stromkreis herausknobeln. So einfach ist das aber genau genommen nur bei Gleichstrom. Geht es um Wechselstrom, wird die Sache schon komplizierter, vor allem, wenn man etwas darüber wissen will, wie sich Strom und Spannung zu verschiedenen Zeitpunkten im Zyklus zueinander verhalten. Eine Möglichkeit dazu sind Differenzialgleichungen, eine weitere Anwendung imaginärer Zahlen. Diese Art, mit Strömen und Spannungen zu rechnen, geht auf Arthur Edwin Kennelly (1861–1939) und Charles P. Steinmetz (1865–1923) zurück. In der Elektrotechnik wird die imaginäre Einheit übrigens nicht mit *i*, sondern mit *j* abgekürzt, damit man sie nicht mit der Stromstärke *i* verwechseln kann.

Wichtige irrationale Wurzeln

Die Wurzel aus 2 ($\sqrt{2}$) ist ein vor allem in der Geometrie wichtiger Zahlenwert. Als Dezimalzahl lässt sie sich nur näherungsweise angeben, da es sich dabei um eine irrationale Zahl handelt:

$\sqrt{2} \approx 1{,}41412$

$\sqrt{2}$ ist beispielsweise der Faktor, um den die Diagonale d eines Quadrats mit der Seitenlänge a größer ist als diese Seitenlänge:

$d = \sqrt{2}a$

Auch die Wurzel aus 3 ($\sqrt{3}$) ist eine irrationale Zahl und lässt sich nur näherungsweise angeben:

$\sqrt{3} \approx 1{,}73205$

Diese Wurzel hat beispielsweise als Faktor für die Raumdiagonale d eines Würfels mit der Kantenlänge a Bedeutung:

$d = \sqrt{3}a$

Auch die Höhe h eines gleichseitigen Dreiecks mit der Seitenlänge a kann man mithilfe von $\sqrt{3}$ ausrechnen:

$$d = \frac{\sqrt{3}a}{2}$$

Anders geht es nicht: die einzige Möglichkeit, $\sqrt{2}$ genau zu schreiben

Als Dezimalzahl lässt sich $\sqrt{2}$ ja nicht wirklich exakt ausdrücken, was für praktische Anwendungen jedoch nicht viel ausmacht: In Naturwissenschaft und Technik reicht zum Glück meist eine

Genauigkeit von drei Stellen aus, sodass man mit dem Näherungswert 1,41 oder 1,414 arbeiten kann.
In mathematischen Formeln jedoch ist absolute Genauigkeit Pflicht. In diesem Falle bleibt dir nichts anderes übrig, als die $\sqrt{2}$ eben unausgerechnet stehen zu lassen.

Die Wurzel aus 3 und der Drehstrom

Der Wert $\sqrt{3}$ spielt unter anderem auch eine Rolle in der Elektrotechnik. Vielleicht hast du dich ja schon einmal gefragt, warum die Spannung im Lichtnetz ausgerechnet 230 V beträgt und die im Kraftnetz 400 V (früher 220 V und 380 V). Wenn du die 230 V mit $\sqrt{3}$ multiplizierst, kommen fast genau 400 V heraus: $\sqrt{3} \cdot 230$ V = 398,37 V. Das Gleiche gilt für 220 V und 380 V: $\sqrt{3} \cdot 220$ V = 381,05 V. Wie bereits gesagt kommt es in der Technik nicht so sehr auf ganz exakte Zahlenwerte an. Daher kann man die 398,37 V getrost auf 400 V runden, zumal die Kollegen im E-Werk die Spannung im Stromnetz sowieso kaum jemals aufs Volt genau hinkriegen.
Hinter diesem Verhältnis steckt Folgendes: Die drei Spulen im Drehstromgenerator erzeugen drei Spannungen bzw. Ströme, welche zusammen den sogenannten Dreihphasenwechsel- oder Drehstrom bilden, mit dem man z. B. große Maschinen antreibt. Diese drei Spulen bilden ein gleichseitiges Dreieck und sind jeweils an einer Seite mit dem sogenannten Mittelpunktsleiter verbunden. Die jeweils anderen Seiten bilden die drei Phasen.
Die Spannung der Phasen untereinander entspricht nun jeweils der Seitenlänge des gleichseitigen Dreiecks. Die Spannung zum Mittelpunktsleiter entspricht der halben Höhe. Dieser Mittelpunktsleiter und jeweils eine der Phasen ergeben die Phase und den Nullleiter für die Versorgung von 230-V-Elektrogeräten, also für das Lichtnetz. Für starke Geräte wie Werkzeugmaschinen, manche Elektroherde oder Nachtspeicheröfen werden hingegen alle drei Phasen, also das Kraftnetz mit 400 V verwendet.

Die Formel zum Schönsein: der Goldene Schnitt
Wenn man eine Strecke *AC* mit einem Punkt *B* im Goldenen Schnitt teilen will, muss man *B* so platzieren, dass sich der größere Teil *BC* zur ganzen Strecke *AC* so verhält wie der kleinere Teil *AB* zum größeren *BC*. Genau bedeutet das, dass sich *AB* und *BC* wie 1 und die sogenannte Goldene Zahl Φ verhalten müssen, für die gilt:

$$\frac{BC}{AB} = \frac{\Phi}{1} = \Phi = \frac{1+\sqrt{5}}{2}$$

Diese Zahl Φ entspricht ungefähr 1,618. Andere Näherungen sind 5/3, 8/5 oder 13/8.
Der Goldene Schnitt spielt eine Rolle in Kunst und Architektur. Z. B. können Türen und Fenster dieses Höhen-/Breitenverhältnis aufweisen oder der Hauptblickfang auf einem Foto Höhe und Breite des Formats in diesem Verhältnis teilen.

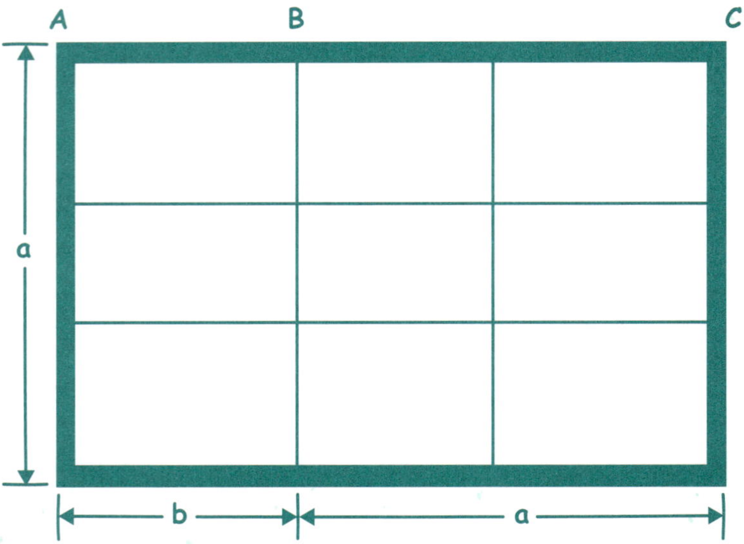

WURZELN HÖHEREN GRADES

Die n-te Wurzel einer Zahl x (geschrieben: $\sqrt[n]{x}$) ist diejenige Zahl, die zur n-ten Potenz erhoben wiederum die Zahl x ergibt. Beispiel: $\sqrt[3]{64} = 4$, denn $4^3 = 64$

Wie man Streber vor die Pumpe laufen lässt

Es gibt eine hübsche Trickfrage, mit der man so manchen aufs Kreuz legen kann, der sich etwas auf seine Mathe-Kenntnisse einbildet: „Was ist die erste Wurzel aus 2?“ In den meisten Fällen plärrt der Streber dann: 1,4142 usw. „Falsch!“ sagst du dann eiskalt, „die erste Wurzel aus 2 ist 2.“ 1,4142 usw. ist nämlich die zweite Wurzel aus 2. Deswegen heißt sie nämlich auch Quadratwurzel – sie entspricht ja der Umkehrung der zweiten Potenz.

Wurzeln sind halt auch nur Potenzen

Wurzeln sind im Grunde nichts anderes als Potenzen. So wie man die Division als Multiplikation mit einer Zahl zwischen 1 und 0 auffassen kann, kann man eine Wurzel *n*-ten Grades als 1/*n*-te Potenz betrachten. Da, wie du hoffentlich noch weißt, negative Potenzen die Kehrwerte der jeweiligen positiven Potenzen darstellen, sind logischerweise Potenzen mit Exponenten zwischen –1 und 0 die Kehrwerte der jeweiligen Wurzeln:

$$x^{-\frac{1}{n}} = \frac{1}{x^{\frac{1}{n}}} = \frac{1}{\sqrt[n]{x}}$$

Das ist auf den ersten Blick ein wenig verwirrend, aber logisch. Und es ist, wie du gleich sehen wirst, der Schlüssel zu einer ganz neuen Art, Zahlen zu schreiben.

Zunächst aber noch ein Sachverhalt, mit dem du mathematisch nicht ganz so begabte Personen auf die Schwelle der geschlossenen Psychiatrie bringen kannst: Wenn man will, kann man ja auch einen Bruch als Wurzelexponenten nehmen und damit eine ganz normale Potenz schreiben:

$$\sqrt[\frac{1}{n}]{x} = x^n$$

Natürlich darf dieser gebrochene Wurzelexponent auch gerne negativ sein:

$$\sqrt[-\frac{1}{2}]{x} = x^{-2} = \frac{1}{x^2}$$

Nun, besonders viel Sinn haben solche Überlegungen nicht gerade, aber immerhin zeigen sie, dass die gültigen Vereinbarungen hinsichtlich der Schreibweise mathematischer Beziehungen absolut schlüssig und kein Humbug sind.
Das tatsächlich Interessante dabei ist: Es sind auch Mischungen aus Potenzen und Wurzeln möglich, indem man unechte Brüche als Exponenten verwendet:

$$x^{\frac{n}{m}} = \sqrt[m]{x^n}$$

Da Kommazahlen auch nichts anderes als Brüche sind, kann man sie natürlich ebenfalls als Exponenten nehmen. Der Knackpunkt dabei ist: Auf diese Weise kannst du jede beliebige Zahl als Potenz einer beliebigen anderen Zahl schreiben. Und darauf basieren die Logarithmen, über die mehr in Kapitel 10 (→ S. 120 ff.) steht.

Das Geheimnis der Tonleiter
Es kommt nicht von ungefähr, dass Mathematiker oft auch musikalisch sind. Musik ist nämlich gewissermaßen hörbare Mathematik. Die Frequenzen von Tönen, die miteinander harmonieren, also nicht schief klingen, wenn man sie gleichzeitig erzeugt, stehen in ganz bestimmten mathematischen Verhältnissen zueinander.

Auch zwischen den Tönen von Tonleitern gibt es mathematische Beziehungen. Vielleicht hast du schon gehört, dass in unserer europäischen Musik eine Oktave einer Verdoppelung bzw. Halbierung der Frequenz entspricht: Der Kammerton a’ (eingestrichenes a) hat 440 Hz. Geht man eine Oktave weiter zum a” (zweigestrichenes a), findet man genau die doppelte Frequenz, nämlich 880 Hz. (Ganz genau genommen sind es bei Symphonieorchestern in Deutschland und Österreich heute 442 bzw. 884 Hz und in der Schweiz 443 bzw. 886 Hz.)
Die zwölf einzelnen (Halb-)Töne der chromatischen Tonleiter müssen nun gleichmäßig zwischen der einfachen und der doppelten Tonhöhe verteilt werden. Dazu verwendet man eine sogenannte geometrische Reihe. Das ist eine Folge von Zahlen, bei der die Abstände zwischen den einzelnen Zahlen immer größer werden. Jedes Element einer solchen Reihe ist nicht wie bei der arithmetischen Reihe um einen festen Betrag größer als das vorhergehende, sondern um einen bestimmten Faktor. Wenn man nun die Multiplikation mit dem Faktor 2 auf zwölf Schritte verteilen will, muss man eine Zahl x finden, die zwölfmal mit sich selbst multipliziert 2 ergibt: $x^{12} = 2$.
Und welche Zahl x erfüllt diese Bedingung? Natürlich die zwölfte Wurzel aus 2: $\sqrt[12]{2}$. Wenn man die Frequenz des Tones bei jedem Halbtonschritt um den Faktor $\sqrt[12]{2}$ erhöht, hat man sie nach zwölf Schritten verdoppelt: $(\sqrt[12]{2})^{12} = 2$.
Kein Wunder also für einen Mathematiker, wenn sich Musiker um die Jahrhundertwende mit der sogenannten Zwölftonmusik beschäftigten!

Tonleiter von a’ zu a”, von 440 Hz zu 880 Hz.

5. Achtung Bruchgefahr

SO GEHT NICHTS KAPUTT

Zähler und Nenner

Ein Bruch besteht aus Zähler und Nenner. Der Betrag des Wertes echter Brüche ist stets kleiner als 1.

$\frac{7}{9} = 7 : 9$

Unechte Brüche sind Brüche, deren Zähler größer ist als der Nenner und bei denen der Betrag des Werts größer ist als 1. Unechte Brüche kann man auch als gemischte Zahlen schreiben.

$\frac{12}{9} = 1\frac{3}{9} = 1\frac{1}{3}$

Warum einfach, wenn es auch umständlich geht: Münzbrüche bei Römern und den Briten

Wer die Romane über den Zauberlehrling Harry Potter gelesen hat, weiß, dass die Zauberer eine sehr seltsame Währung haben: 1 Galleone hat 17 Sickel und 1 Sickel entspricht 29 Knuts. Tatsächlich gab es in Großbritannien bis 1971 ein ähnlich ulkiges Geldsystem, das auf Brüchen basierte, die keine Dezimalbrüche sind. Das alte Pound Sterling entsprach 20 Shilling, der Shilling war also 1/20 Pound. 1 Shilling wiederum waren 12 Pence, der Pence also 1/12 Shilling oder 1/240 Pound. Daneben gab es aber früher

auch die Guinea, eine Goldmünze zu 21 Shilling, also 1 Pound und 1 Shilling. Bis zur Einführung des neuen GBP zu 100 Pence wurden Preise noch oft in Guinea anstatt in Pound angegeben, obwohl die Guinea als Münze schon lange durch den Souvereign ersetzt worden war, ebenfalls eine Goldmünze, die jedoch genau ein Pound wert war. Im alten britischen Münzsystem gab es früher auch einmal eine noch kleinere Einheit als den Penny, den Farthing, der einem Viertelpenny entsprach, sowie die Crown zu 5 Shilling, also 1/4 Pound, den Florin zu 2 Shilling, also 1/10 Pound und den Groat zu 4 Pence, also 1/3 Schilling.
Nett, was? Zumindest für Masochisten. Solche seltsamen und fehlerträchtigen Einheiten gab es früher überall, nur wurden sie in anderen Ländern bereits viel früher durch dezimale Systeme ersetzt, mit denen man ohne Gefahr einer Gehirnverschlingung rechnen kann.
Ein ähnliches Relikt hat sich in den Niederlanden übrigens bis zur Einführung des Euro gehalten: der Rijksdaalder (Reichstaler), eine Münze im Wert von 2 1/2 Gulden.
Die alten Römer teilten ihre Münzen ebenfalls mit bestimmten Stammbrüchen, wobei vor allem die 12 eine Rolle spielte. Die Grundeinheit war der As, der in 12 Unzen eingeteilt war. Eine Unze war also 1/12 As und selbst 24 Skrupel wert, der Skrupel also 1/288 As. In Geschichten, die im alten Rom spielen, ist oft von Sesterzen die Rede, sodass die meisten Leute diese Einheit am ehesten mit römischem Geld in Verbindung bringen. Der Sesterz wurde aber erst später eingeführt und war ursprünglich eine Münze zu 2 1/2 Asses.
Es ist wohl auf das Münzwesen zurückzuführen, dass die alten Römer bestimmte Stammbrüche besonders gerne verwendeten: 1/2, 1/12, 1/24, 1/48, 1/72, 1/144 und 1/288. Für diese Stammbrüche gab es Zeichen und daneben noch Sonderzeichen für einige andere Brüche wie 1/3 und 1/4.
Auch die sogenannten Apothekergewichte hängen zum Teil mit römischen Münzen und Münzbrüchen zusammen: 1 Unze entspricht

1/12 Pfund und ein Skrupel 1/24 Unze. Die Drachme ist 1/8 Unze, also 3 Skrupel, und der Skrupel wird noch in Gran geteilt, wobei 1 Gran 1/20 Skrupel entspricht. Von diesen Gewichten ist im angelsächsischen Sprachraum noch die Unze (ounce) als Maßeinheit bei der Angabe des Goldpreises in US$ gebräuchlich sowie das Gran (grain) bei der Angabe der Pulverfüllmenge von Patronen. Wahrscheinlich ist dir aufgefallen, dass einige dieser alten Gewichte einem auch als Währungseinheiten begegnen. Das kommt ganz einfach daher, dass Münzen früher einmal aus Edelmetallen bestanden und dass daher ihr Gewicht gleichzeitig der Wert war. Das englische Pound Sterling war tatsächlich einmal ein Pfund Silber, genauso wie die Lira, denn *Lira* bedeutet nichts anderes als *Pfund*. Daher sieht das Zeichen *£* für das GBP auch aus wie ein *L*.

Ein Bruch ist nur eine verkleidete Division

Im Grunde ist ein Bruch nichts anderes als eine Division, die man nicht ausgerechnet hat. 1/4 kann man auch als 1 : 4 schreiben und ausrechnen, wobei natürlich 0,25 herauskommt. Dass Brüche Divisionen sind, sieht man auch daran, dass man als Zeichen für den Divisionsoperator anstelle eines Doppelpunktes auch einen Schrägstrich nehmen kann. Dort, wo man sich viel mit Formeln abplagt, etwa in der Physik oder bei technischen Berechnungen, sind Divisionszeichen überhaupt nicht gebräuchlich. Man schreibt ganz nonchalant den Dividenden über und den Divisor unter den Bruchstrich, z. B. bei der sattsam bekannten Formel für die kinetische Energie:

$$E_{kin} = \frac{mv^2}{2}$$

Ausgerechnet werden solche unechten Brüche immer erst, wenn man ganz zum Schluss das Ergebnis haben will. Solange man noch umformen kann, lässt man sie stehen, was in der Regel bequemer ist: $\sqrt{2}/2$ schreibt sich leichter als 0,70107 und ist außerdem, jawohl, mathematisch exakt. Manchmal hat man bei komplexeren Formeln auch Glück und es lässt sich etwas herauskürzen, was man bei der Bruchschreibweise natürlich wesentlich leichter erkennt.

Jetzt wird es relativ: Brüche sind auch Verhältnisse

Brüche kann man auch als Verhältnisse interpretieren und umgekehrt: Wenn es beim Fußball 4 : 2 heißt, kann ein Mathematiker das als Bruch und damit als Division auffassen und ausrechnen, dass die bessere Mannschaft zweimal so viele Tore geschossen hat wie die schlechtere. Wer hätte das gedacht?
Auch ein Kartenmaßstab, etwa 1 : 25.000, ist ein Verhältnis und kann als Bruch aufgefasst werden. Er besagt, dass eine bestimmte Entfernung in der Karte mit 1/25.000 ihrer tatsächlichen Länge erscheint. Da die Multiplikation die Umkehrung der Division ist, weißt du dann auch, dass eine Entfernung, die man in der Karte 1 : 25.000 mit drei Zentimetern misst, in der Natur 25.000 · 3 cm, also 75.000 cm bzw. 750 m beträgt.

Auch das noch: Brüche sind Winkel

Damit aber nicht genug: Verhältnisse, also Brüche, kann man auch als Winkel interpretieren. Eine Steigungsangabe, etwa 3 : 4, ist unzweifelhaft ein Verhältnis, also auch ein Bruch und eine Division. Gleichzeitig beschreibt sie aber auch einen Winkel. Das ist eigentlich klar, wenn man sich vor Augen hält, dass das Steigungsdreieck bei einer linearen Funktion ja den Winkel festlegt, unter dem die Gerade verläuft, die den Funktionsgraphen darstellt. Du kannst deine Behauptung, dass Brüche Winkel sind, deinem Lehrer gegenüber aber auch stichhaltig anhand deines schockierenden Mathe-Wissens beweisen. In der Abbildung legt das Verhältnis 3 : 4 der Gegen- und der Ankathete den Winkel α des dargestellten rechtwinkligen Dreiecks eindeutig fest: Da du ja auch den Winkel

β kennst, der definitionsgemäß 90 ° hat, ist das Dreieck nach dem Kongruenzsatz SWS (→ S. 30) eindeutig bestimmt. Und damit stehen auch alle anderen Teile des Dreiecks, also auch der Winkel α, eindeutig fest: Quod erat demonstrandum!
Die Angabe der Steigung macht Winkel für den praktischen Gebrauch handlicher: Wenn ein Maurer auf dem Bau ein Kanalrohr verlegen soll, würde er bei einer Winkelangabe von z. B. 1,15 ° nur dumm schauen, weil zum Handwerkszeug eines Maurers kein Winkelmesser gehört. Nennt man dem Maurer jedoch die entsprechende Steigung 1:50, schwingt er Hammer und Säge und richtet sich eine zwei Meter lange Latte mit einem Querhölzchen an einem Ende her, das er vier Zentimeter überstehen lässt. Jetzt kann er das Rohr mithilfe seiner Wasserwaage genau mit dem richtigen Gefälle verlegen.

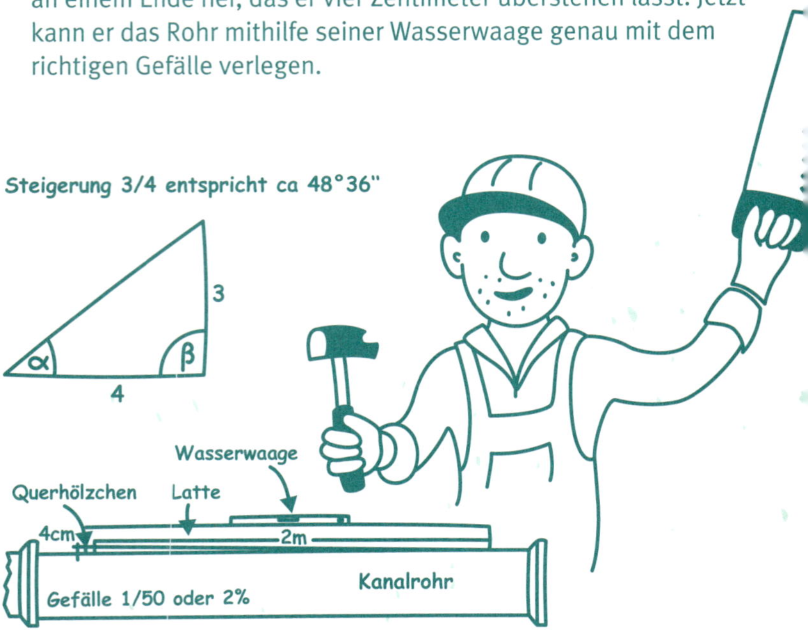

Addition und Subtraktion von Brüchen

Um Brüche zu addieren oder zu subtrahieren, bringt man sie auf einen gemeinsamen Nenner, am besten auf den Hauptnenner, das kleinste gemeinsame Vielfache der Nenner:

$$\frac{1}{2} + \frac{1}{3} = \frac{3}{6} + \frac{2}{6} = \frac{5}{6}$$

Pythagoreische Brüche
Als pythagoreische Brüche bezeichnet man Gruppen von drei Brüchen, die den Satz des Pythagoras $a^2 + b^2 = c^2$ erfüllen, z. B.:

$$\left(\frac{1}{5}\right)^2 + \left(\frac{24}{25}\right)^2 = \left(\frac{5}{7}\right)^2$$

Diese pythagoreischen Brüche sind eine Obermenge der pythagoreischen Zahlentripel, also derjenigen Zahlentripel, die wie die Seitenlängen des Verreihungsdreiecks 3:4:5 den Satz des Pythagoras erfüllen.

Das Problem der alten Ägypter mit den Brüchen und wie sie es lösten
Die Ägypter kannten in ihrer Zahlschrift nur Stammbrüche. Daher mussten sie die Tatsache ausnutzen, dass sich jeder Bruch als Summe von Stammbrüchen schreiben lässt, z. B.:

$$\frac{3}{4} = \frac{1}{2} + \frac{1}{4}$$

$$\frac{5}{6} = \frac{1}{2} + \left(\frac{5}{6} - \frac{1}{2}\right) = \frac{1}{2} + \frac{2}{6} = \frac{1}{2} + \frac{1}{3}$$

Das sieht für uns natürlich sehr umständlich aus. Kenntnis über diese Art der alten Ägypter, gebrochene Zahlen zu schreiben, haben wir durch das Rechenbuch des Ahmes oder Ahmoses, das sich auf dem Papyrus Rhind befindet. Das ist eine Schriftrolle, welche der schottische Anwalt, Antiquar und Ägyptologe Henry Alexander Rhind (1833–63) 1858 in einem illegalen Antiquariat (sprich: bei einem Hehler) in Luxor erworben hat.

Die alten Inder blickten beim Bruchrechnen durch
Unsere Ziffern wurden lange Zeit und werden auch heute noch oft als arabische Ziffern bezeichnet. Sie stammen aber von den Indern, die damit schon um 600 n. Chr. Brüche ganz ähnlich schrieben, wie sie heute noch geschrieben werden. Sie kannten lediglich den Bruchstrich noch nicht und schrieben bei gemischten Zahlen die ganze Zahl über den Zähler des Bruchs.

Multiplikation und Division von Brüchen

> **Brüche werden multipliziert, indem man jeweils die Zähler und die Nenner miteinander multipliziert. Ein Bruch wird durch einen anderen dividiert, indem man ihn mit dessen Kehrwert multipliziert.**

Bruchrechnen mit Signore Fibonacci
Leonardo Fibonacci (ca. 1180–nach 1241), der auch als Leonardo von Pisa bekannt ist, darfst du natürlich nicht mit Leonardo da Vinci (1452–1519) verwechseln. Er war jedoch ein sicherlich genauso wichtiger Mann. Als wohl bedeutendster Mathematiker des Mittelalters vielleicht sogar noch ein wenig wichtiger, da die von ihm dargestellten Rechenverfahren praktische Bedeutung

hatten und nicht nur tolle Ideen auf Papier waren. Fibonacci benutzte zur Darstellung von Zahlen bereits die Ziffern, die man meist als arabische statt als indische Ziffern bezeichnet. Mit diesen Zahlen kann man Brüche in der heutigen Schreibweise darstellen, was ebenfalls schon die alten Inder als Erste konnten. Damit konnte man endlich anständig mit Brüchen rechnen, was vor allem auch dem Kaufmannswesen zugute kam.

Mijnheer Stevin mochte keine Brüche

Wenn du Bruchrechnen auf den Tod nicht leiden kannst, bist du in guter Gesellschaft: Dem flämischen Ingenieur Simon Stevin (1548/49–1620) fiel auf, dass die Zahlschrift der gewöhnlichen Brüche nicht zu der der natürlichen Zahlen passt, weil ein Bruch immer aus zwei Zahlen besteht. Außerdem kann man beliebig viele Schreibweisen für ein und dieselbe Zahl finden: 3/4, 6/8 21/28, 33/44 usw. Daher plagt man sich mit zusätzlichen Operationen wie Kürzen und Erweitern herum. Außerdem verstößt die Schreibweise von Brüchen gegen die Regeln der Stellenschreibweise und dezimalen Bündelung. Schließlich und endlich sind die Rechenregeln für Brüche etwas Eigenes und nicht die Fortsetzung der Regeln für das Rechnen mit natürlichen Zahlen. Also: Weg damit!

Weg damit!

Stevin schlug 1585 ganz keck vor, die Brüche komplett abzuschaffen und nur noch dezimale Zahlen zu verwenden. Dazu wollte er alle Teilungen von Währungseinheiten, Maßen und Gewichten dezimalisieren. Gute Idee, wenn auch ein bisschen früh: Sein Gedanke des Dezimalsystems wurde in Frankreich im Zuge der Französischen Revolution erstmalig verwirklicht und heute merken sogar in den angelsächsischen Ländern die Leute, dass man sich mit dezimalen Einheiten nicht dauernd verrechnet wie mit Zöllen und Füßen.

Die Bruchschreibweise wurde durch Mijnheer Stevins Idee jedoch keineswegs wirklich abgeschafft. Wie du bereits weiter oben gesehen hast, hat sie ja bei wissenschaftlichen Formeln unbestreitbare Vorzüge.

PROZENTE, PROZENTE

Eine nettes Kleeblatt: Prozente, Brüche und Dreisatz

G = Grundwert, W = Prozentwert, p = Prozentsatz

G und p sind bekannt, W wird gesucht:

$$W = \frac{G \cdot p}{100}$$

W und p sind bekannt, gesucht wird G:

$$G = \frac{W \cdot 100}{p}$$

W und G sind bekannt, gesucht wird p:

$$p = \frac{W \cdot 100}{G}$$

Mit dem Prozentrechnen plagen sich viele Leute fürchterlich ab. Das ist jedoch überhaupt nicht notwendig. Wie du gleich sehen wirst, kommt man dem Prozentrechnen nämlich sehr leicht mit Dreisatz und Bruchrechnen bei.
Im ersten obigen Fall willst du wissen, wie viel 17 % von 2300 € sind. Nun sind aber Prozente nichts anderes als Hundertstel, 17 % sind demnach 17/100. Das muss vollkommen richtig sein, denn

schließlich kann man Steigungen sowohl in Prozenten als auch als Verhältnis und damit als Bruch angeben. Da man ja jede beliebige Zahl als Bruch schreiben kann, wenn man sie als Zähler nimmt und in den Nenner eine 1 setzt, werden aus 2300 ganz einfach 2300/1 und aus der Prozentaufgabe wird eine Bruchmultiplikation, bei der man den Zähler mit dem Zähler und ... Du weißt schon:

$$\frac{17}{100} \cdot \frac{2300}{1} = \frac{17 \cdot 2300}{100 \cdot 1}$$

Warum aber darf man das als Bruchmultiplikation sehen? Ganz einfach: Ein Prozentsatz ist ein Faktor, den du auf den Grundwert wirken lässt; und Faktoren sind nun einmal zum Multiplizieren da, oder?
Du kannst das Ganze aber auch als Dreisatz auffassen, dir die berühmte Frage „100 % sind 2300 €, wie viel sind 17 %?“ stellen und frisch ans Werk gehen:
100 % entsprechen 2300 €
→ 1 % entspricht 2300 € : 100 = 23 €
→ 17 % entsprechen 17 · 23 € = 391 €
Hierbei machst du übrigens auch nichts anderes, als wenn du die Prozentformel oder die Bruchmultiplikationsmethode anwendest, denn es ist für das Ergebnis egal, ob du zuerst mit 17 malnimmst und dann durch 100 teilst oder umgekehrt, wobei der umgekehrte Weg leichter ist.

Im zweiten Fall kennst du den Prozentwert, nämlich die Rendite in Höhe von 51.000 € und weißt, dass dies 8 % des Kapitals sind. In diesem Falle wird eine Bruchdivision aus der Prozentaufgabe, denn du hast genau den umgekehrten Fall wie eben: Das unbekannte Kapital wurde mit 8/100 multipliziert und dabei kamen 51.000 € heraus. Um zum Kapital zurückzugelangen, musst du logischerweise die Rendite durch 8/100 teilen.

$$\frac{51.000}{1} : \frac{8}{100} = \frac{51.000 \cdot 100}{1 \cdot 8}$$

Du kommst aber auch hier wieder mit dem guten, alten Dreisatz zum Ziel:
8 % entsprechen 51.000 €
→ 1 % entspricht 51.000 € : 8 = 6375 €
→ 100 % entsprechen 100 · 6375 € = 637.500 €

Im dritten Fall kann man eine Bruch- oder Verhältnisgleichung ansetzen:

$$\frac{p}{100} = \frac{W}{G} = \frac{25.927}{235.700}$$

Wenn du diese Gleichung nach *p* auflöst, bekommst du übrigens genau die Prozentformel. Du kannst dir aber auch mit einer leichten Abwandlung des Dreisatzes helfen:
100 % entsprechen 235.700 €
→ 1 % entspricht 235.700 : 100 = 2357 €
→ 25.927 € entsprechen 25.927 € : 2357 € = 0,11 bzw. 11 %

Wenn du die Verhältnisgleichung für alle drei Fälle nutzt und jeweils die bekannten Größen einsetzt, dann ist der fehlende Wert durch Umformung zu erlangen – und du musst dir nur einen Fall merken – nämlich eben diese Gleichung.

Prozentsätze schätzen mit Brüchen

Um Prozentsätze grob schätzen zu können, kannst du sie in Brüche umwandeln, indem du sie notfalls ein wenig rundest und dann kürzt: 19 % – der Umsatzsteuersatz – etwa sind grob 20 %, also 20/100 oder ein 1/5. Zu einem Nettopreis von 60 € müsstest du also 1/5 dazuzählen, um auf den Bruttopreis inklusive Umsatzsteuer zu kommen. Wenn du umgekehrt vom Bruttopreis auf den Nettopreis schließen willst, musst du beachten, dass dieses zusätzliche Fünftel bereits darin steckt, und nicht durch fünf, sondern durch sechs teilen. Im Bruttopreis einer Ware, die z. B. 90 € kostet, stecken also ca. 1/6 oder 15 € Umsatzsteuer. Der Nettopreis beträgt daher ca. 75 €. Schlägst du das Fünftel wieder drauf, kommst du wieder auf 90 €. Bei der ermäßigten Umsatzsteuer von 7 % nimmst du 1/14, wenn du sie auf den Nettopreis aufschlagen willst, und 1/15, um sie aus dem Bruttopreis herauszurechnen.

Wirkungsgrade: Geschachtelte Prozente

Normalerweise muss man in Maschinen leider mehr Energie hineinstecken, als dann wieder herauskommt. So erhält man selbst bei einem guten Dieselmotor nur etwa 40 % der chemischen Energie aus dem Kraftstoff als mechanische Antriebsenergie. Man nennt diesen Prozentsatz Wirkungsgrad und kann ihn außer in Prozenten auch als Dezimalzahl zwischen 0 und 1 ausdrücken. 40 % entsprechen dann also 0,4. Wenn nun mehrere Aggregate hintereinandergeschaltet sind, z. B. sind das bei einem Auto Motor, Getriebe und Differenzial, dann muss man deren Wirkungsgrade multiplizieren, also Prozente von Prozenten berechnen. Das geht am besten, wenn man aus den Prozenten Dezimalzahlen macht. Wenn der Motor eines Autos einen Wirkungsgrad von 32 % hat, das Getriebe 95 % und das Differenzial 95 %, rechnest du:

$$\eta_{ges} = \eta_M \cdot \eta_G \cdot \eta_D$$
$$\eta_{ges} = 0{,}32 \cdot 0{,}95 \cdot 0{,}95$$
$$\eta_{ges} = 0{,}288$$

Auch in anderen Fällen, in denen du Prozente von Prozenten nehmen musst, kannst du so vorgehen. Angenommen, du bist mit 30 % an einem Geschäft beteiligt, bei dem 50 % Gewinn von einem Umsatz von 1200 € gemacht wurden, rechnest du ganz einfach:

1200 € · 0,5 · 0,3 = 180 €.

6. Quadratisch, praktisch, gut

DAS GLEICHNIS VOM KEGELSCHNITT

Parabeln

Der Graph der Funktion $f(x) = x^2$ heißt Normalparabel. Der Graph der allgemeinen quadratischen Funktion $f(x) = ax^2 + bx + c$ heißt quadratische Parabel; die Normalparabel ist nichts weiter als der Sonderfall für $a = 1$ sowie $b = c = 0$.
Die Flugbahn beim waagerechten und schrägen Wurf, auch das eine Parabel, entsteht aus der Überlagerung der gleichmäßigen, geraden Bewegung in Wurfrichtung und der beschleunigten, quadratischen Bewegung im freien Fall.

Der Brennpunkt der Parabel

Wie du in der Abbildung sehen kannst, treffen sich Strahlen, die parallel zur *y*-Achse in eine Parabel einfallen und an ihr gespiegelt werden, alle in ein und demselben Punkt, dem Brennpunkt *F* der Parabel. Man kann das ausnutzen und mit einem parabolförmigen Spiegel beispielsweise das Sonnenlicht konzentrieren und seine Energie

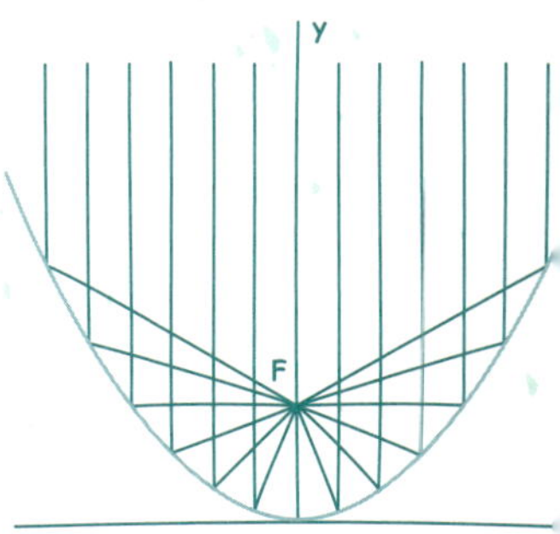

Die Parabel bündelt alle einfallenden Strahlen im Brennpunkt.

in Form von Wärme nutzen. Außerdem wirkt solch ein Parabolspiegel wie eine Vergrößerungslinse, was man beim Spiegelteleskop ausnutzt.

Der indirekte Beschuss bei der Artillerie

Beim Militär nutzt man das Wissen um die Wurfparabel beim indirekten Beschuss von Zielen, z. B. über einen Bergrücken hinweg. Mit der Pulverladung regelt man die Anfangsgeschwindigkeit der Granate, mit der Rohrüberhöhung den Winkel. Natürlich müssen dabei sowohl der Luftwiderstand als auch der Wind berücksichtigt werden.

Bei richtiger Berechnung kann man auch blind eine Kugel im Wasser versenken.

Zielen mit Gewehr, Armbrust und Bogen

Auch eine Gewehrkugel fliegt immer auf einer Parabel. Deswegen muss man bei einem waagerechten Schuss eigentlich immer etwas höher zielen. Bis zu Entfernungen von gut 150 Metern macht das aber nur so wenig aus, dass man es mit der Einstellung des Zielfernrohrs kompensieren kann. Man stellt das Zielfernrohr eines Jagdgewehrs einfach so ein, dass die Kugel bis zur sogenannten günstigsten Einschussentfernung (GEE) einen ganz flachen Bogen über der Visierlinie macht. Der Bogen liegt in seinem Scheitelpunkt etwa vier Zentimeter über der Visierlinie. Dieser Scheitelpunkt befindet sich bei Jagdpatronen in der Gegend von 100 Metern. Also schießt man Jagdgewehre so ein, dass sie auf der 100-m-Schießbahn knapp vier Zentimeter zu hoch schießen. Dann weiß man, dass man bis zur GEE nie mehr als diese etwa vier Zentimeter zu hoch schießt. Genau genommen müsste man für jede Patronensorte anhand der auf der Schachtel aufgedruckten GEE ausrechnen, wie hoch der Schuss bei 100 Metern sein muss, damit die Flugbahn die Visierlinie genau an dieser Stelle schneidet. Für die Praxis reicht jedoch die Methode mit den vier Zentimetern auf 100 Meter vollkommen aus.

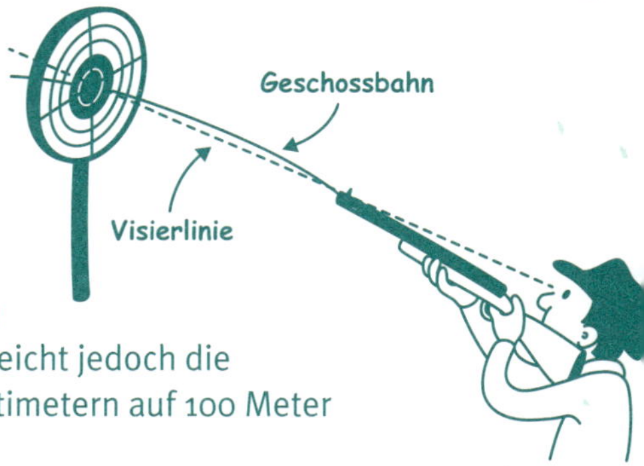

Ein gutes Auge allein macht noch keinen Volltreffer

Je schneller ein Geschoss ist, umso flacher, man sagt auch: rasanter, ist seine Flugbahn, und umso weniger wirkt sich ihre Parabelform aus. Deswegen ist die GEE auch umso größer, je schneller das Geschoss ist. Sportschützen haben es da einfacher, da sie immer auf die gleiche Entfernung schießen. Sie stellen ihre Waffen so ein, dass sie auf die jeweilige Distanz „Fleck schießen". Da der Bolzen einer Armbrust oder gar ein mit einem Bogen abgeschossener Pfeil wesentlich langsamer sind als eine Gewehrkugel, muss man beim Schießen mit Armbrust und Bogen die Parabelform der Flugbahn tatsächlich bei jedem Schuss individuell berücksichtigen und auf weitere Entfernung deutlich höher zielen.

DIE ZWEI NAMEN HABEN: BINOME

Wie quadriert man Summen mit zwei Summanden?

$(a + b)^2 = a^2 + 2ab + b^2$ 1. Binomische Formel
$(a - b)^2 = a^2 - 2ab + b^2$ 2. Binomische Formel
$(a + b) \cdot (a - b) = a^2 - b^2$ 3. Binomische Formel

Eine Sagengestalt wird enttarnt
Die Bezeichnung Binom kommt daher, dass in diesen Ausdrücken zwei verschiedene Variablennamen vorkommen (*bi* für *zwei* und *nomen* für *Namen*). Die Bezeichnung stammt also nicht, wie manchmal scherzhaft behauptet wird, vom Namen ihres Entdeckers, eines gewissen italienischen Mathematikers namens Allessandro Binomi (1727–1643). Ein naher Verwandter von ihm muss wohl Francesco Binomi (1472–83) gewesen sein, der es (voll beabsichtigt) immerhin in zwei Ausgaben eines weit verbreiteten Schulbuchs schaffte. Ein Beleg dafür übrigens, dass auch Matheautoren manchmal Humor haben.

Große Zahlen quadrieren
Mithilfe der Binomischen Formeln wird das Quadrieren von größeren Zahlen vollkommen easy. Du musst sie lediglich als Summen oder Differenzen auffassen und dann die erste bzw. zweite Binomische Formel darauf anwenden.
Angenommen, du möchtest das Quadrat von 312 wissen. Dann machst du aus dieser Zahl einfach die Summe 300 + 12.
300^2 ergibt 90.000 und 12^2 ist 144. Diese Zahlen kannst du in die erste Binomische Formel einsetzen:
$(a + b)^2 = a^2 + 2ab + b^2$
$(3 + 12)^2 = 300^2 + 2 \cdot 300 \cdot 12 + 12^2 = 90.000 + 7200 + 144 = 97.344$

Das Quadrat von 196 beispielsweise können wir als Differenz 200 – 4 auffassen und mit der zweiten Binomischen Formel berechnen:

$(a-b)^2 = a^2 - 2ab + b^2$

$(200-4)^2 = 200^2 - 2 \cdot 200 \cdot 4 + 4^2 = 40.000 - 2 \cdot 200 \cdot 4 + 16 = 39.616$

Mit etwas Übung kannst du diese Methode sogar im Kopf durchführen. Hier zeigt sich übrigens auch, dass Mathematik, wie die Mathematiker zu sagen pflegen, die Kunst ist, das Rechnen zu vermeiden.

WEM DIE STUNDE SCHLÄGT

Die gefürchtete Mitternachtsformel

Eine der größten Geißeln für Schüler der Mittelstufe ist die berüchtigte Mitternachtsformel zum Lösen quadratischer Gleichungen der a-b-c-Form $ax^2 + bx + c = 0$:

$$x_{1,2} = \frac{-b \pm \sqrt{b^2 - 4ac}}{2a}$$

Etwas leichter zu merken ist die Form der Mitternachtsformel, mit der man diese Dinger auflösen kann, wenn die Gleichung in der p-q-Form oder Normalform $x^2 + px + q = 0$ vorliegt:

$$x_{1,2} = -\frac{p}{2} \pm \sqrt{\left(\frac{p}{2}\right)^2 - q}$$

Schon die alten Babylonier ...

Offensichtlich war den alten Babyloniern ihr Turmbau nicht mühselig genug. Sie taten sich neben dieser Plackerei nämlich auch noch Rechenaufgaben an, die auf quadratische Gleichungen führen: Die Länge und Breite eines Rechtecks ergeben zusammen 80, die Fläche beträgt 1500. Wie groß sind Länge und Breite?

Daraus kann man die folgende Gleichung basteln:

$x\,(80 - x) = 1500$

Diese Gleichung lässt sich folgendermaßen umformen:

$80x - x^2 = 1500$

$x^2 - 80x + 1500 = 0$

Und schon liegt eine quadratische Gleichung der *a*-*b*-*c*-Form vor. Die Babylonier wandten zur Lösung aber statt der Mitternachtsformel folgende Regel an: Das Quadrat der Summe zweier Zahlen ist gleich dem Quadrat ihrer Differenz, vermehrt um das vierfache Produkt:

$(a + b)^2 = (a - b)^2 + 4ab$

$80^2 = (a - b)^2 + 4 \cdot 1500$

$6400 = (a - b)^2 + 6000$

$(a - b)^2 = 400$

$a - b = 20$

Damit kannten die antiken Rechenfreaks nun außer der Summe $S = 80$ auch die Differenz $D = 20$ der gesuchten Zahlen. Was ihnen das nutzte? Ganz einfach: Sie wussten nämlich außerdem auch noch, wie man zwei Zahlen ermittelt, von denen Summe und Differenz bekannt sind:

$S = a + b$

$D = a - b$

Und damit wurde die Sache einfach: Um von der Differenz $a - b$ auf die Summe $a + b$ zu kommen, muss man zweimal b zur Differenz hinzuzählen, was nichts anderes bedeutet, als dass b der Hälfte des Unterschieds zwischen der Summe und der Differenz von a und b entsprechen muss:

$$S = D + 2b$$

$$b = \frac{(S - D)}{2}$$

$$b = \frac{(80 - 20)}{2} = 30$$

Jetzt noch auf *a* zu kommen, ist wirklich kein Problem mehr: Wenn man weiß, dass die Summe von *a* und *b* 80 ist, muss *a* natürlich 50 sein. Multipliziert man *a* und *b*, kommt man tatsächlich auf 1500, was unwiderlegbar zeigt, dass die alten Babylonier und wir richtig gerechnet haben!

Euklid und sein Problem mit den Rechtecken

An der zeichnerischen Quadratur des Kreises hat sich ja bekanntlich seit der Antike so mancher Mathematikus die geistigen Zähne ausgebissen (→ S. 7 f.). Damit war erst Schluss, als Ferdinand von Lindemann (1852–1939) im Jahr 1882 bewies, dass das ganz einfach nicht geht, und fertig. Was allerdings ohne Weiteres geht, ist die Quadratur von Rechtecken. Zeichnerisch löste dieses Problem bereits der alte Grieche Euklid (ja genau, der mit den Primzahlen (→ S. 42 f.) und der Euklidischen Geometrie). Wir brauchen dazu heute allerdings weder Zirkel noch Papier, sondern setzen einfach eine ganz normale quadratische Gleichung an. Wenn Länge und Breite des gegebenen Rechtecks *l* und *b* sind und die Kantenlänge des gesuchten flächengleichen Quadrates *a*, geht das folgendermaßen:

$$a = \sqrt{(l \cdot b)}$$

Das Heron-Verfahren hast du schon kennengelernt, das für diese Wurzel eine Näherungslösung liefert (→ S. 53 f.). Da stand ja genau diese Frage nach der Quadratur von Rechtecken Pate.

Michael Stifel und die quadratischen Gleichungen

In der Renaissancezeit befasste sich der in Esslingen geborene Theologe, Reformator und Mathematiker Michael Stifel (ca. 1487–1567) unter anderem auch mit quadratischen Gleichungen. Auf ihn geht die Normalform der quadratischen Gleichung zurück. Bei Stifel findet man auch die sogenannten zweiten Lösungen von quadratischen Gleichungen, die durch die negativen Wurzeln entstehen. Euklid konnte sie noch nicht kennen, da er die quadratische Gleichung als Flächenproblem ansah und die alten Griechen außerdem noch keine negativen Zahlen kannten.

Michael Stifel handelte sich jede Menge Ärger ein

Michael Stifels Leben verlief nicht immer glatt und gradlinig. Unter anderem rechnete er einmal das Datum des Weltuntergangs aus. Dummerweise auch noch für einen Termin während seines Lebens, nämlich für den 19. Oktober 1533 um 8 Uhr morgens. Damit nicht genug: Er verkündete diese Neuigkeit am Neujahrsabend 1533 auch noch von der Kanzel seiner Kirche.

Der Erfolg war katastrophal: Eine ganze Reihe von Leuten brachte sich um, andere bestellten ihre Äcker nicht mehr. Als die Welt dann doch nicht unterging, war das nicht nur furchtbar peinlich für Pfarrer Stifel, der gute Mann bekam auch richtig Ärger. Er wurde eingesperrt und kam erst nach mehreren Wochen wieder aus dem Gefängnis. Seinen Job war er außerdem auch los. Von diesen missglückten Rechenkünsten des braven Schwaben Michael Stifel soll übrigens die Redewendung einen *Stiefel rechnen* kommen.

7. Hier geht's rund

DAS WIRD KREISE ZIEHEN

Der Kreisumfang

Die Zahl π hat mit allen möglichen Sachen zu tun, die kreis- oder kugelrund sind. Man kann damit z. B. den Kreisumfang U anhand des Durchmessers d ausrechnen: $U = d \cdot \pi$
Und da ja der Durchmesser der doppelte Radius r ist, gilt auch: $U = 2r \cdot \pi$

Wir pirschen uns an π heran
Die irrationale Zahl π ist eine dicke Nummer in der Mathematik. Vor allem bei technischen Berechnungen kommt sie immer wieder vor. Näherungen zu π kann man sehr schön mit regelmäßigen Vielecken berechnen. Auf dem Bild siehst du, dass man mit einigem guten Willen den Umfang eines Sechseckes als Näherung an den Umfang seines Umkreises durchgehen lassen kann. Der Winkel δ ist beim Sechseck 60 ° groß und bei einem

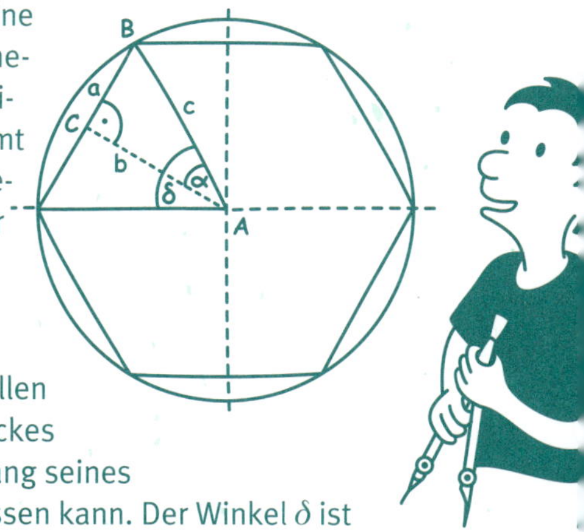

Annäherungen an π

n-Eck allgemein 360 °/n. Daraus folgt, dass α im rechtwinkligen Dreieck ABC 30 ° haben muss oder allgemein 360 °/2n beträgt. Nun ist die Gegenkathete a genau halb so lang wie eine Seite des Sechseckes und es gilt gleichzeitig $a = \sin(\alpha)c$. Daher gilt für den Umfang des Sechseckes logischerweise:

$U = 12 \cdot \sin(30°) \cdot r$
Und ausgerechnet für $r = 1$:
$U = 12 \cdot 0{,}5 \cdot 1$
$U = 6$

Das hätte man auch einfacher haben können: Jedes Kind weiß doch, dass die Seitenlänge eines Sechseckes dem Umkreisradius entspricht. Schließlich steckt das ja auch hinter der berühmten Sechseckkonstruktion mit dem Zirkel. Dass daher der Umfang der sechsfache Umkreisradius sein muss, liegt auf der Hand.
Man kann diese Formel aber auch ganz allgemein für alle regelmäßigen n-Ecke aufstellen:

$$U = 2n \cdot \sin\left(\frac{360°}{2n}\right) \cdot r$$

Und damit wird es interessant: Beim Sechseck macht der Umkreis noch einen gehörigen Bogen über jeder Seite und unsere Näherung ist recht grob. Je mehr Ecken unser Vieleck hat, umso flacher wird dieser Bogen und umso besser unsere Näherung. Jetzt setzen wir auch noch die Umfangsformel für U ein und bekommen dann:

$$2\pi r \approx 2n \cdot \sin\left(\frac{360°}{2n}\right) \cdot r$$

Richtig: Statt dem Gleichheitszeichen müssen wir „ungefähr gleich" schreiben, denn jetzt geht es ja ausdrücklich um den Kreisumfang und nicht mehr um den Umfang des Vielecks. Mit deiner schockierenden mathematischen Begabung siehst du nun aber natürlich auch sofort, dass $2r$ auf beiden Seiten dieser Gleichung vorkommt und man es daher eliminieren kann:

$$\pi \approx n \cdot \sin\left(\frac{360^\circ}{2n}\right)$$

Je größer man n wählt, umso besser wird die Näherung für π. Was man jetzt noch braucht, ist ein Computerprogramm, das möglichst genau mit Dezimalzahlen rechnen kann, dann kann man π beliebig genau berechnen.

Könnte man n unendlich groß wählen, wäre das Ergebnis tatsächlich der exakte Wert von π. Da man das nicht kann, nimmt der Mathematiker hier die Hilfskonstruktion des Grenzwertes oder Limes her:

$$\pi = \lim_{n \to \infty} \left(n \cdot \sin\left(\frac{360^\circ}{2n}\right)\right)$$

Lies: „Pi gleich Limes n mal Sinus 360 ° durch $2n$ für 1 gegen unendlich".

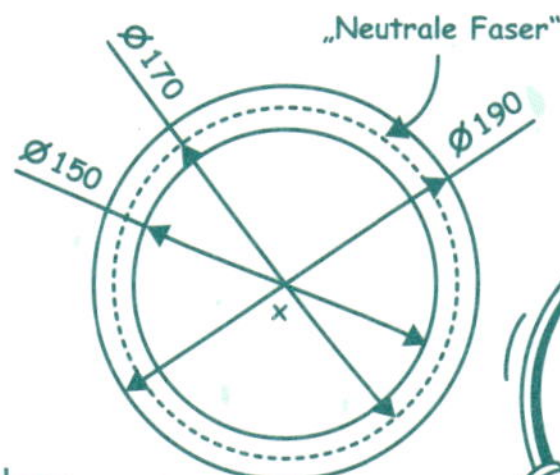

Wie lang, bitte schön, ist ein Ring?

Wenn ein Schmied oder Schlosser einen Ring aus Eisen biegen will, hat er ein Problem: Er muss wissen, wie lang er das Material abschneiden muss. Natürlich hilft ihm dabei die Zahl π. Aber welchen Durchmesser muss er zugrunde legen? Ganz einfach: Er nimmt den mittleren Kreis zwischen dem inneren und dem äußeren Durchmesser, der im Fachchinesisch der

Das kann Kraft kosten.

Metallverbieger *neutrale Faser* heißt, weil sich die zugehörige Linie beim Biegen weder streckt noch staucht.

Wie misst man Bögen?

Im Kapitel über Winkel hast du das Neugrad oder Gon kennengelernt, mit dem ordentliche Taschenrechner genauso gut umgehen können wie mit dem Grad (→ S. 28 f.). Die dritte Möglichkeit, Winkel zu messen, ist das Bogenmaß, das man ebenfalls am Taschenrechner einstellen kann.

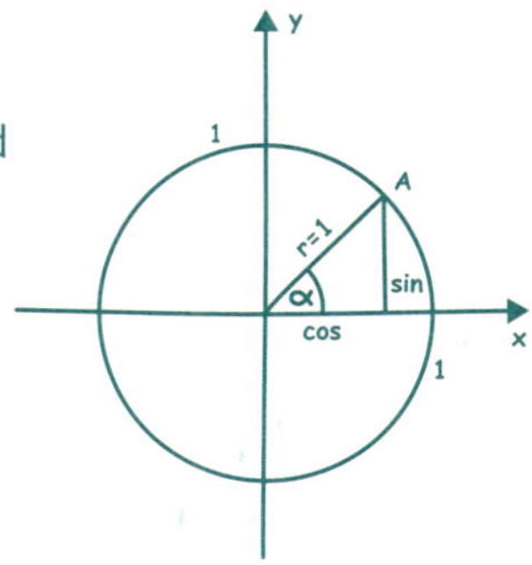

Der Einheitskreis

Dahinter steckt nichts besonders Kompliziertes: Man stellt sich einfach einen Kreis vor, der den Radius 1 hat. Der Umfang dieses Kreises wäre dann ganz logischerweise 2π, weil der Umfang ja das 2π-fache des Radius ist. Jeden Teil des Kreises, also jeden Winkel, kann man dann mit dem entsprechenden Bruchteil von 2π angeben: 90 ° sind ein Viertel von 2π, also $\pi/2$, 45 ° ein Achtel also $\pi/4$ usw. In der Technik reicht dabei meist eine entsprechend genaue Näherung als Dezimalzahl, etwa 1,507 für $\pi/2$, also einen rechten Winkel. Der Vorteil: Wenn ein Bogen im Bogenmaß angegeben ist, kann man seine Länge ganz einfach ausrechnen, indem man die Bogenmaßangabe mit dem jeweiligen Radius multipliziert. So muss man nicht mit $\alpha/360\,°$ herumwerkeln.

Die Kreisfläche

Mit der Flächenberechnung eines Kreises hast du dich schon in der Schule herumschlagen müssen: $A_{Kreis} = \frac{\pi}{4}\, d^2$ **oder** $A_{Kreis} = \pi r^2$

Eine unvernünftige Beziehung
Das π in der Formel für die Kreisfläche bewirkt, dass eine irrationale Beziehung zwischen Durchmesser und Kreisfläche besteht: Entweder hat man eine rationale Kreisfläche, dann ist der Durchmesser irrational, oder umgekehrt.

UNTER DER HAUBE

Berechnungen am Zylinder

$$V_{Zylinder} = A_{Grundfläche} \cdot h$$

oder

$$V_{Zylinder} = \pi r^2 h \text{ bzw. } V_{Zylinder} = \frac{\pi}{4} d^2 h.$$

$$A_{Zylindermantel} = 2\pi rh$$

und

$$A_{Zylinderoberfläche} = 2\pi rh + 2\pi r^2$$

Außerdem weißt du, dass ein Zylinder durch Rotation eines Rechtecks um eine seiner Kanten entsteht.

Auch für Berechnungen am Zylinder muss das arme, alte π herhalten und zwar indirekt: Da man das Volumen *V* prismatischer Körper mit der allgemeinen Formel „Grundfläche *A* mal Höhe *h*" berechnen kann, geht das beim Zylinder ebenfalls. Die Grundfläche aber ist ein Kreis, bei dem nun π ins Spiel kommt.

Der krumme Hubraum beim Verbrennungsmotor

Vielleicht hast du dich ja schon darüber gewundert, dass Autos und Motorräder bei näherem Hinsehen immer krumme Hubräume haben. Zum Beispiel steht in den technischen Daten eines Autos mit zwei Litern Hubraum dann: Hubraum 1984 cm^3. Das liegt natürlich daran, dass auch hier wieder das π mitmischt: Der Hubraum eines Autos ermittelt sich aus Bohrung und Hub, wobei die Bohrung der Durchmesser und der Hub die Höhe des Zylinders ist. Wollte man nun einen glatten Wert beim Hubraum erreichen, müsste entweder die Bohrung oder der Hub einen krummen Wert haben. Das wäre bei der Herstellung aber ungeschickt, denn Metallarbeiter arbeiten am liebsten mit ganzzahligen Millimetermaßen. Dass π eine irrationale Zahl ist, wäre dabei noch nicht mal so schlimm, denn wie du weißt, rundet man in der Technik sowieso. Aber π einfach auf 3 zu runden, wäre dann doch zu ungenau. Der Wert 3,14 liefert dann aber für ganzzahlige Bohrungs- und Hubmaße in Millimetern eben einen krummen Hubraumwert.

Ein Rechteck kommt ins Rotieren

Einen Zylinder kannst du daher auch als Rotationskörper auffassen, dessen Volumen V man nach der zweiten guldinschen Regel berechnen kann: Man stellt sich dabei den Zylinder quasi als einen zusammengerollten Quader vor. Die Länge dieses Quaders entspricht dabei dem Umfang des Kreises, den der Flächenschwerpunkt des Rechteckes, also der Schnittpunkt seiner Diagonalen, bei der Drehung zurücklegt:

$$V_{Drehkörper} = U_{Schwerpunktskreis} \cdot A_{Drehfläche}$$

Da der Durchmesser dieses Schwerpunktkreises im Falle des Zylinders gerade halb so lang ist wie der Durchmesser des Zylinders, also dem Radius des Zylinders entspricht und die Fläche des Rechtecks das Produkt aus Radius und Höhe des Zylinders ist, wird daraus:

$$V_{Zylinder} = \pi r \cdot rh \quad \text{bzw.} \quad V_{Zylinder} = \pi r^2 h$$

Paul Guldin (1577–1633) war ein österreichischer Mathematiker. Hinter die beiden nach ihm benannten Regeln (mit der ersten rechnet man die Mantelfläche eines Rotationskörpers aus) war nach heutigen Erkenntnissen jedoch bereits Pappos von Alexandria gekommen, der um 300 lebte. Guldin hat diese Regeln, die man auch zentrobarische bzw. baryzentrische Regeln nennt, also eigentlich nur wiederentdeckt.

GIB MIR DIE KUGEL

Der Kugelumfang ist ein Kreis

Der Umfang einer Kugel ist der Umfang ihrer Großkreise (→ S. 20 f.) und berechnet sich daher nach der Formel

$U = d \cdot \pi$ bzw. $U = 2r \cdot \pi$

Die Oberfläche einer Kugel rechnet man folgendermaßen aus:

$A_{Kugel} = \pi d^2$

Die Formel für den Rauminhalt einer Kugel ist zwar ein wenig kompliziert, aber du kennst sie natürlich:

$$V_{Kugel} = \frac{4\pi r^3}{3} \quad \text{oder} \quad V_{Kugel} = \frac{\pi d^3}{6}$$

Das Interessante bei einer Kugel ist, dass sie derjenige Körper ist, bei dem man die geringste Oberfläche benötigt, um einen gegebenen Rauminhalt einzupacken, bzw. bei dem man umgekehrt den meisten Rauminhalt bei gegebener Oberfläche hat.

Die Kette um den Äquator

Es gibt eine hübsche Schätzaufgabe, mit der man unbedarfte Leute aufs Kreuz legen kann: Angenommen, jemand macht eine 40.000 Kilometer lange Kette, die genau einmal um den Äquator der Erde reicht und dabei genau auf dem Erdboden aufliegt (der Einfachheit halber stellen wir uns die Erde dafür als ideale Kugel mit genau diesem Umfang vor).
Nun setzt man ein Stück von einem Kilometer Länge in diese Kette ein und sorgt dafür, dass sie überall gleich weit vom Erdboden entfernt ist. Könnte dann eine Fliege, eine Maus oder sogar ein Hund unter dieser Kette durchkriechen?
Die Antwort ist verblüffend, aber logisch: Man könnte notfalls sogar mit einem Sportflugzeug darunter hindurch fliegen! Die ursprünglich Kette hat einen Durchmesser von 40.000 km/π, die verlängerte von 40.001 km/π. Der Durchmesser würde also um 1 km/π, also gute 300 Meter zunehmen, was auf jeder Seite über 150 Meter wären.

Da passt sogar ein Flieger durch!

Gut eingehüllt: Kugel und Zylinder

Was nur wenige Leute wissen: Die Oberfläche einer Kugel ist genau so groß wie die Mantelfläche des sie einhüllenden Zylinders. Eigentlich sollte das schon durch die Formeln klar sein, denn die Mantelfläche eines Zylinders entspricht seinem Umfang mal seiner Höhe. Und die Höhe eines Zylinders, der eine Kugel einhüllt, ist genauso groß wie sein Durchmesser. Statt dem h in πdh kann man also ebenfalls d schreiben und kommt so auf πdd bzw. πd^2. Man kann es aber auch beweisen:

Ein schlauer Mathematikus kann nämlich die Oberfläche einer Kugel durch lauter Kegelstümpfe annähern, deren Mantellinien tangential an den „Breitengraden" der Kugel anliegen. Diese kann man mit den zugehörigen Abschnitten des Zylinders vergleichen, welche jeweils zwischen den gleichen „Breitengraden" liegen wie die Kegelstümpfe. Ein solcher Kegelstumpf ist in der Abbildung zu sehen.

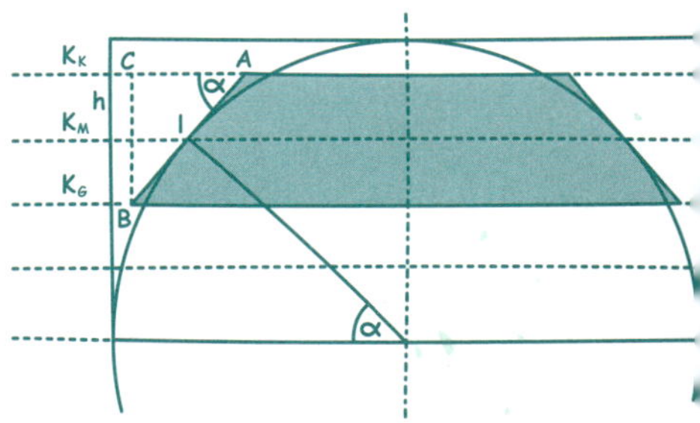

Die Mantelfläche eines solchen Kegelstumpfs berechnet sich aus seiner Mantellinienlänge mal dem Umfang des „Breitenkreises", an dem er die Kugel berührt, da dies sein mittlerer Umfang ist. Der Umfang des Breitenkreises K_M auf der Breite α beträgt $U \cos(\alpha)$, wenn U der Umfang der Kugel ist. Die Mantellinienlänge ist die

Siehst du es oder glaubst du erst dem mathematischen Beweis?

Hypotenuse im rechtwinkligen Dreieck *ABC*, die dem Abstand h der Breitenkreise K_G und K_K entspricht. Der Winkel α im Dreieck *ABC* entspricht der „geografischen Breite“ α von K_M, sodass die Länge l der Mantellinie $h/\cos(\alpha)$ ist. Die Mantelfläche des bei K_M anliegenden Kegelstumpfs zwischen K_G und K_K wäre also:

$$A = U \cos(\alpha) \frac{h}{\cos(\alpha)}$$

Dabei kürzt sich $\cos(\alpha)$ heraus. Übrig bleibt:
$A = Uh$
Das wiederum ist gleichzeitig auch die Formel für die Mantelfläche des Teilzylinders zwischen K_G und K_K. In verständlichen Worten ausgedrückt: Um das, was $\cos(\alpha)$ den mittleren Umfang des Kegelstumpfs gegenüber dem Umfang des entsprechenden Teilzylinders kleiner macht, macht es seine Mantellinie länger.
Hüllt man die Kugel nun mit lauter solchen Kegelstümpfen vollständig ein, bekommt man aus der Summe ihrer Mantelflächen eine Näherung für die Kugeloberfläche, die immer besser wird, je mehr und je niedriger die Kegelstümpfe werden. Bei unendlich vielen unendlich niedrigen Kegelstümpfen käme man dann genau auf die Kugeloberfläche, so wie man mit einem regelmäßigen „Unendlich-Eck“ auch genau auf einen Kreisumfang kommen kann.

Warum Tropfen immer kugelig sein wollen
Dass die in den 1930er-Jahren so moderne Stromlinienform der Form eines Tropfens entspricht, ist ein Ammenmärchen. Tatsächlich sieht ein Tropfen nur in dem Moment tropfenförmig aus, in dem er sich vom Wasserhahn löst. Im freien Fall ist er kugelig, weil er praktisch schwerelos ist und Flüssigkeiten in der Schwerelosigkeit Kugelform annehmen. Das liegt an der Oberflächenspannung, die verlangt, dass die Oberfläche so gering wie möglich ist – und das ist eben nur bei einer Kugel der Fall.

Wie man früher Schrot machte

Dass fallende Tropfen nicht tropfenförmig, sondern kugelig sind, ist eigentlich ein alter Hut. Bereits vor Jahrhunderten wussten die Leute das und nutzen es aus, um Bleischrot zu machen: Man ließ flüssiges Blei durch ein Sieb in einen tiefen Schacht fallen, in dem unten Wasser war und erhielt so fast perfekte Kugeln.

Das gedrungene, runde Korn der Betonbauer

Bauingenieure verlangen vom sogenannten Zuschlag, also dem Sand und Kies für Beton, dass er möglichst aus „gedrungenen, runden Körnern" bestehen soll. Das bedeutet im Klartext: möglichst kugelförmig. So braucht man nämlich weniger Zement, der – anders als viele denken – die Schwachstelle im Gefüge des Betons ist, weil er weicher ist als der Zuschlag.

Aus Tropfen werden immer Kugeln.

8. Der Winkel mit dem Zaunpfahl

DREIECKSVERHÄLTNISSE

Der Sinus

Der Sinus ist das Verhältnis aus Gegenkathete und Hypotenuse im rechtwinkligen Dreieck.

$$\sin(\alpha) = \frac{\text{Gegenkathete}}{\text{Hypotenuse}}$$

Warum der Sinus *Sinus* heißt
Du kannst dir leichter merken, welches der Sinus ist, wenn du dir einen Einheitskreis vorstellst. Wie man hier sieht, ist der Sinus quasi die Hälfte der Sehne von *A* nach *A'*. *Sehne* klingt so ähnlich wie *Sinus* und das wiederum soll letztendlich vom Sanskritwort *jiva* für *Bogensehne* kommen. Bei dieser Definition wird auch klar, dass man den Sinus nicht nur für Winkel bis 90 ° angeben kann, sondern für jeden beliebigen

Wie du dir den Sinus leichter merken kannst.

Winkel, was dann zur Sinuskurve führt, die sich alle 360 ° (oder besser: alle 2π) wiederholt.

Warum an Fabian Sebastian der Tag zu wachsen anfängt

Eine Bauernregel sagt: „An Fabian Sebastian fängt Baum und Tag zu wachsen an!“ Was bitte hat das mit dem Sinus zu tun? Fabian Sebastian ist am 21. Januar und um diese Zeit schießt der Saft wieder in die Bäume. Deswegen also die Sache mit dem Wachsen der Bäume. Mit dem Tag hat es hingegen Folgendes auf sich: Wer wie die Leute früher nicht nach dem Sekundenzeiger der Uhr, sondern nach den Viertelstundenschlägen vom Kirchturm lebt, merkt etwa um diese Zeit, dass die Tage wieder länger werden.
Die Tageslänge ändert sich zwischen den Sonnwenden nämlich nicht gleichmäßig, sondern um diese herum nur sehr langsam. Um die Tag- und Nachtgleichen herum ändert sich die Tageslänge dafür recht schnell. Das liegt daran, dass die Tageslänge in etwa einer Sinuskurve folgt (oder einer Kosinuskurve, je nachdem, an welchem Datum man sich den Nullpunkt denkt). Diese Kurve entsteht dadurch, dass die Erde sich annähernd auf einer Kreisbahn um die Sonne bewegt. Merke: „Wo sich was im Kreise dreiht, sind Sin- und Kosinus nicht weit“.

Der Kosinus

Der Kosinus ist sozusagen das Gegenteil vom Sinus, da er gleichzeitig der Sinus des Komplementärwinkels zum Winkel α ist.

$$\cos(\alpha) = \frac{\text{Ankathete}}{\text{Hypotenuse}}$$

Zwölf Zwölftel sind ein Ganzes

Das Fallen und Steigen des Wassers bei Ebbe und Flut entsteht durch den Umlauf des Mondes. Daher folgt der Wasserstand einer Kosinuskurve. Hobby-Seeleute haben dafür eine Näherung, die sogenannte Zwölf-Zwölftel-Regel, die ihnen das Herumrechnen mit dem Kosinus erspart. Vom Niedrig- bis zum Hochwasser dauert es etwa sechs Stunden, in denen sich das Steigen folgendermaßen verteilt:

1. Stunde: 1/12
2. Stunde: 2/12
3. Stunde: 3/12
4. Stunde: 3/12
5. Stunde: 2/12
6. Stunde: 1/12

Für das Fallen des Wassers in den folgenden sechs Stunden gilt das Gleiche.

Wo Motorleistung gar nichts nützt

Der Kosinus kann im Winter – oder auch in matschigem Gelände – Autofahrern einen üblen Streich spielen. Am Berg nämlich, wenn die Räder durchdrehen, nützen 500 PS aus dem tollsten 7-Liter-V8-Bigblock nichts, weil es der Kosinus des Steigungswinkels der Straße ist, der dem geplagten Motor diesen Streich spielt.

Ab wann ist es endgültig zu steil?

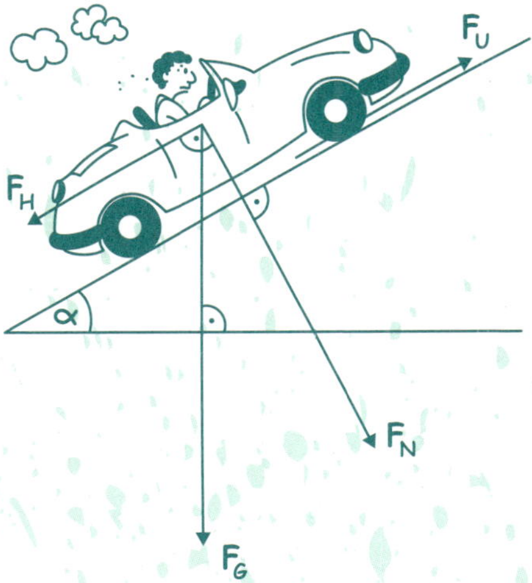

Aus dem Physikunterricht weißt du, dass sich die Gewichtskraft F_G auf der schiefen Ebene in Hangabtriebskraft F_H und Normalkraft F_N zerlegt. Zunächst musstest du diese Kräfte im Schweiße deines Angesichts mit einem Kräfteparallelogramm ermitteln. Dann hast du erfahren, dass sich das auch mit den folgenden beiden hübschen Formeln erledigen lässt:

$F_N = \cos(\alpha)\, F_G$ und $F_H = \sin(\alpha)\, F_G$

In diesen beiden Beziehungen steckt der Grund dafür, dass die Reifen durchdrehen: Damit das Auto den Berg hinaufkommt, muss die Umfangskraft F_U an den Rädern nämlich mindestens so groß sein wie die Hangabtriebskraft F_H. (Wir denken uns ein Allradauto, sodass die komplette Normalkraft genutzt wird.) Diese Umfangskraft kann aber nicht größer sein als die Reibungskraft, die durch die Normalkraft und den Reibungskoeffizienten μ zwischen Reifen und Straße entsteht. Daher gilt:

$F_U \geqslant F_H$

$\mu F_N \geqslant F_H$

$\mu \cos(\alpha)\, F_G \geqslant \sin(\alpha) F_G$

Diese nette Beziehung lässt sich ohne Weiteres nach μ auflösen und dann gelangen wir mit

$$\mu \geqslant \frac{\sin(\alpha) F_G}{\cos(\alpha)\, F_G} \quad \text{gekürzt zu} \quad \mu \geqslant \frac{\sin(\alpha)}{\cos(\alpha)}$$

zu der Erkenntnis, dass der Reibungskoeffizient μ zwischen Reifen und Straße so groß sein muss wie das Verhältnis zwischen Sinus und Kosinus des Steigungswinkels, ansonsten helfen weder die stärksten Pferde unter der Haube noch der kleinste Kriechgang (v = 80 m/h) eines Unimogs weiter. Aus dieser Überlegung können wir übrigens gleich noch mehr machen, wenn wir dem Tangens auf den Zahn fühlen.

Tangens und Kotangens

In der Schule hat man dir bereits erzählt, dass der Tangens das Verhältnis zwischen Gegenkathete und Ankathete und der Kotangens sein Kehrwert ist:

$$\tan(\alpha) = \frac{\text{Gegenkathete}}{\text{Ankathete}} \qquad \cot(\alpha) = \frac{\text{Ankathete}}{\text{Gegenkathete}}$$

Tangens, Sinus, Kosinus und der alte Herr Pythagoras

Der Tangens ist aber nicht nur das Verhältnis zwischen Gegenkathete und Ankathete, sondern auch das zwischen Sinus und Kosinus:

$$\tan(\alpha) = \frac{\sin(\alpha)}{\cos(\alpha)}$$

Auch der Herr Pythagoras ist hier nicht weit, denn es gilt:
$\sin(\alpha)^2 \cdot \cos(\alpha)^2 = 1$
Wenn die Hypotenuse gleich 1 ist, entspricht der Sinus der Länge der Gegenkathete und der Kosinus der Länge der Ankathete. Da aber $1^2 = 1$ ist, stellt diese Beziehung eigentlich nichts anderes dar als den Satz des Pythagoras.

... und das Auto hängt immer noch am Berg

Mit dem Wissen, dass der Tangens das Verhältnis zwischen Sinus und Kosinus ist, können wir unsere Überlegungen zu dem Auto fortsetzen, das nicht den Berg hinaufkommt. Aus unserer Formel

$$\mu \geqslant \frac{\sin(\alpha)}{\cos(\alpha)}$$

wird mit diesem Wissen dann
$\mu \geqslant \tan(\alpha)$

Der Tangens ist auch das Verhältnis zwischen Gegenkathete und Ankathete und daher nichts anderes als die Steigung der Hypotenuse, in unserem Fall also die Steigung der Straße. Sprich: Damit ein (Allrad-)Auto den Berg hinaufkommt, muss der Reibungskoeffizient zwischen Reifen und Straße mindestens so groß sein wie die Steigung. Wenn man also eine Steigung von 10 % hinauffahren möchte, muss das μ zwischen Straße und Reifen mindestens 0,1 betragen. Bei trockenem Asphalt wird leicht ein Mehrfaches dieses Wertes erreicht, sodass die Motorkraft und die Getriebeübersetzung entscheiden. Aber bei Eis oder Matsch kann er schnell auch sehr viel kleiner werden, sodass der stärkste Motor und die kürzeste Untersetzung nichts mehr nützen, wenn nicht mit dem richtigen Reifen für Reibung gesorgt wird. Und: Wenn die Steigung zunimmt, dann wird es zunehmend schwierig, überhaupt einen ausreichenden Reibungskoeffizienten zu erzeugen. Das sagt jede Erfahrung; das kannst du dir aber auch an der Tangensfunktion klarmachen, deren Graph für größere Winkel α immer schneller ansteigt.

Etwas mehr über Winkelfunktionen

Den Einheitskreis hast du ja bereits kennengelernt und du weißt jetzt auch, dass sich an ihm die Winkelfunktionen wesentlich besser erklären (und merken) lassen als mit den Merksätzen von An- und Gegenkathete. Wenn dir die Winkelfunktionen in der Oberstufe wieder begegnen, wird man dich auch in dieses Geheimnis einweihen wollen, das du dann als PmsMW (Person mit schockierendem Mathe-Wissen) aber schon lange kennst.

Der Kosinus und die Breitenkreise

Im Kapitel über die Kugel (→ S. 94 f.) hast du den Beweis kennengelernt, dass die Oberfläche einer Kugel genau so groß ist wie die Mantelfläche des sie einhüllenden Zylinders. Dabei wurde dir praktisch bereits verraten, dass sich der Umfang des Breitenkreises U_φ an der geografischen Breite φ so errechnet:

$U_\varphi = \cos(\varphi) \cdot U_{Äquator}$

Pythagoras auf der Kugel

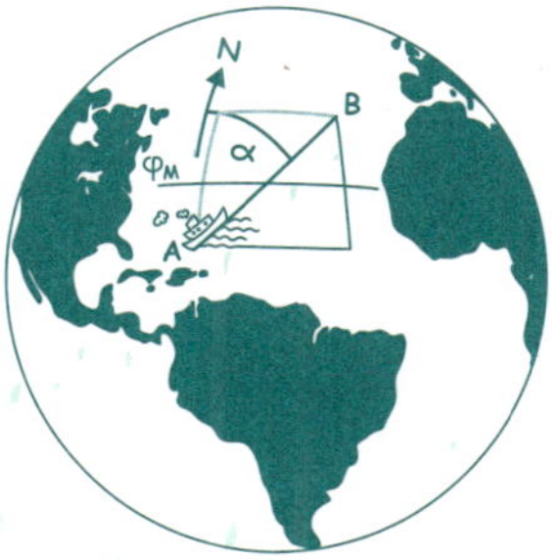

Auf einer Kugel wird die Berechnung etwas schwierig – aber nicht unmöglich.

Als Nautiker (und als PmsMW) weiß man, dass eine Längenminute auf dem Äquator eine Seemeile lang ist und eine Breitenminute überall diese Länge hat. Das konnte man so festlegen, da sowohl der Äquator als auch die Längenkreise Großkreise (→ S. 20 f.) der Erde sind. Auf diesem Wissen beruht die Besteckrechnung, also das rechnerische Koppeln der Seeleute, das eine Vektoraddition (→ S. 31 f.) ist und damit eigentlich nichts anderes als eine Anwendung des guten alten Pythagoras auf einer Kugel darstellt.
Wenn nun ein gestandener Seemann vom Punkt A bei der Breite φ_A und der Länge λ_A zum Punkt B bei φ_B und λ_B segeln will, muss er dazu den Kurs(winkel) α kennen. Wäre die Erde platt, wäre das kein Problem und er könnte α mit Sinus oder Kosinus berechnen und den alten Pythagoras nach der Distanz befragen.
Dummerweise ist nun die Erde aber eine Kugel und das Viereck, dessen Diagonale der Weg des Schiffes ist, ist kein Rechteck, sondern ein Trapez. Das gleicht der schlaue Nautiker aus, indem er die Sache mit dem Umfang der Breitenkreise und dem Kosinus der Breite berücksichtigt. Und zwar legt er dabei die Mittelbreite φ_M zugrunde, den Durchschnitt zwischen den Breiten von A und B. Auf dem Äquator

beträgt der Abstand der Breitengrade jeweils 60 Seemeilen, auf anderen Breitengraden wird er mit dem Faktor cos(φ) vermindert. Für die Abweitung zum Längenunterschied $\Delta\lambda$ von *A* und *B*, die Distanz in Seemeilen (sm) zwischen den Längengraden von *A* und *B*, gilt dann: Abweitung = $\Delta\varphi \cdot \cos(\varphi) \cdot 60$ sm/°
Die Breitendistanz ist noch einfacher, denn die Breitengrade sind überall 60 Seemeilen (sm) voneinander entfernt, da die Längengrade ja Großkreise sind:
Breitendistanz = $\Delta\varphi \cdot 60$ sm/°
Nun kennst du beide Seiten des rechtwinkligen Dreiecks und kannst mit Arcustangens und Pythagoras den Kurswinkel und die Versegelung (die Entfernung) berechnen. Aber aufgepasst: Der Kurswinkel, den du benötigst, bezieht sich auf die Nordrichtung (N = 0 °, E = 90 ° usw.). Du musst also immer berücksichtigen, in welchem Quadranten der Kurs liegt, den du segeln willst. Wirklich genau ist dieses Verfahren nicht, aber auf niedrigen bis mittleren Breiten reicht es bei Distanzen bis zu etwa 600 Seemeilen aus.

Die Koordinaten der Kreislinie

Wie dir wohl schon vorhin klar geworden ist, als vom Einheitskreis die Rede war, haben Sinus und Kosinus sehr viel mit Kreisen zu tun. Wenn man nämlich den Kosinus als *x*- und den Sinus als *y*-Wert auffasst und von 0 ° bis 360 ° geht, bekommt man einen wunderbaren Kreis um den Ursprung des Koordinatensystems. Man muss dabei nur beachten, dass zwischen 90 ° und 270 ° der Kosinus negativ wird und zwischen 180 ° und 360 ° der Sinus Werte unter 0 annimmt. Mathematiker nennen diese Art, einen Kreis zu beschreiben, Parametrisierung.
Das folgende Gleichungspaar ist die parametrisierte Form der Kreisgleichung, wobei X_M und Y_M die Koordinaten des Mittelpunktes sind:
$x = X_M + \cos(r)$ und $y = Y_M + \sin(r)$

Wie man einen Computer eine Kreis malen lässt

Auf diesem Zusammenhang zwischen Sinus, Kosinus und Kreis beruht ein Verfahren, mit dem man Computer einen Kreis malen lässt. In der uralten Anfänger-Programmiersprache Basic sieht das so aus, wenn die Variablen X_M und Y_M die Koordinaten des Mittelpunktes, R der Radius und W die Laufvariable für den Winkel sein sollen:

```
FOR W = 0 TO 360 STEP 0.1
PLOT XM + COS(W) · R, YM + SIN(W)·R
NEXT
```

Hier noch zwei tolle Worte für den Wortschatz von PmsMW: Bei dieser kleinen Programmierarbeit ist die parametrisierte Form der Kreisgleichung der sogenannte Algorithmus und die drei Code-Zeilen sind die Implementation in Basic. Genau genommen gehört das wiederholte Berechnen für fortlaufende Werte von 0 ° bis 360 °, das du mit der For-Next-Schleife implementiert hast, auch noch zum Algorithmus für das Plotten eines Kreises. Da wird dein Lehrer aber baff sein ...

Wie eine Ellipse entsteht

Auf die gleiche Art kann man auch eine hübsche Ellipse plotten. Eine Ellipse ist ja nichts anderes als ein etwas deformierter Kreis, der gewissermaßen zwei Radien hat. Man muss also lediglich statt dem einheitlichen Radius R zwei verschiedene R_X und R_Y nehmen:

```
FOR W = 0 TO 360 STEP 0.1
PLOT XM + COS(W) · RX, YM + SIN(W)·RY
NEXT
```

Wählt man R_X größer, ergibt sich eine liegende Ellipse. Wählt man dagegen R_Y größer, entsteht eine stehende.

DIE HYPERBEL ÜBERTREIBT ES

Hyperbelfunktionen

Die abgebildete einfache Hyperbel, den Graph der Funktion $f(x) = 1/x$, kennst du wahrscheinlich schon. Hyperbel heißt Übertreibung, und genau das macht diese Funktion: In der Nähe von $x = 0$ entschwindet sie gnadenlos ins Unendliche und kommt von der anderen Seite wieder zurück.

Wir übertreiben es mit den Winkelfunktionen

Sinus und Kosinus haben sozusagen Verwandte, mit denen man die Hyperbel in der Abbildung parametrisieren kann. Sie heißen Hyperbelsinus (sinh) und Hyperbelkosinus (cosh) und die Parametrisierung sieht so aus:

$x = X_M + \cosh(r)$ und

$y = Y_M + \sinh(r)$

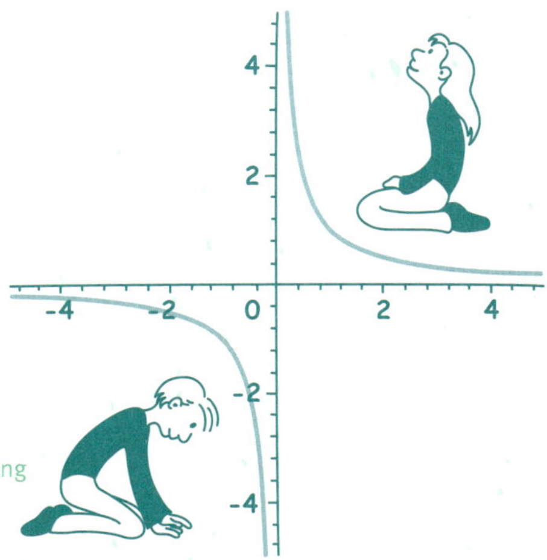

Die mathematische Übertreibung nimmt Gestalt an.

Die Kettenlinie oder Katenoide

Der Hyperbelkosinus ist eine recht interessante Funktion, da sie beschreibt, wie ein durchhängendes Seil oder eine durchhängende Kette aussieht, die man an zwei Punkten festgemacht hat. Deswegen heißt diese Kurve auch Katenoide oder Kettenlinie. Obwohl sie ganz ähnlich aussieht wie eine quadratische Parabel, ist eine Katenoide doch etwas ganz anderes. Dass dem so ist, haben Gottfried Leibniz (1646–1716), Christiaan Huygens (1629–95) und Johann Bernoulli (1667–1748) herausgefunden.

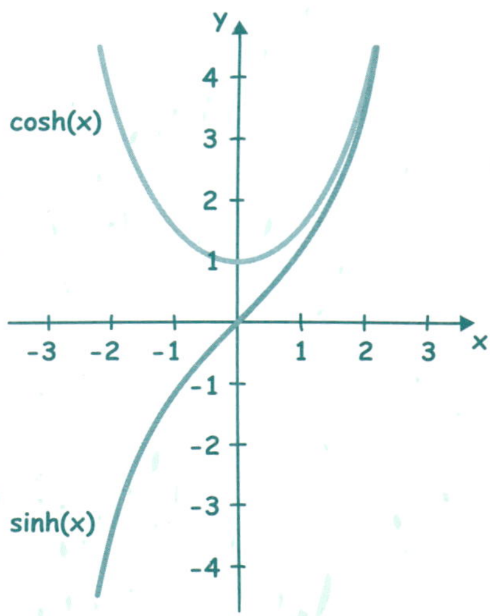

Hyperbelkosinus und Hyperbelsinus

9. Macht Glücksspiel glücklich?

ZWEI SCHWESTERN BEIM TEAMWORK

Stochastik und Statistik

Stochastik ist die Lehre von der Wahrscheinlichkeit. Statistik beschreibt die Häufigkeit von Vorkommnissen. Das Gesetz der großen Zahl besagt, dass bei einer sehr großen Zahl von Stichproben oder Experimenten die Häufigkeit eines Merkmals oder eines Ereignisses recht genau mit der Wahrscheinlichkeit übereinstimmt, mit der es eintreten müsste.
Aus diesem Grund ergänzen sich Stochastik und Statistik prima: Man kann einerseits mit der Statistik feststellen, ob man mit einer Vorhersage richtiglag, die man mit der Stochastik gemacht hat. Und andererseits kann man aus statistischen Häufigkeiten Wahrscheinlichkeiten für die Stochastik gewinnen. Wahrscheinlichkeiten kann man in Zahlenwerten zwischen 0 und 1 angeben, als Bruch (und damit als Verhältnis) oder als Prozentzahl, was, wie du aus dem Kapitel über Brüche und Prozente ja weißt, eigentlich das Gleiche ist (→ S. 66 ff.). Die Prozentangabe ist dabei wohl die griffigste: Du kannst dir leicht vorstellen, dass ein Ereignis mit einer Eintrittswahrscheinlichkeit von ca. 60 % bei etwa 60 von 100 Fällen auftreten wird.

Die Fakultät oder einen Sechser beim Würfeln hat man öfter als einen beim Lotto

Bei der Wahrscheinlichkeitsrechnung spielt die Fakultät eine große Rolle. Die Fakultät $n!$ einer (natürlichen) Zahl n ist das Produkt aus dieser Zahl und allen kleineren natürlichen Zahlen, z. B.:

$6! = 1 \cdot 2 \cdot 3 \cdot 4 \cdot 5 \cdot 6 = 720$

Das gibt also fix sehr große Zahlen – und sehr kleine Wahrscheinlichkeiten, wenn die Fakultät im Nenner steht. Die Wahrscheinlichkeit eines Sechsers im Lottospiel 6 aus 49 ($k = 6$ und $n = 49$) ist der Kehrwert der Anzahl der Möglichkeiten $N_{n,k}$:

$$N_{n,k} = \frac{n!}{k! \cdot (n-k)!}$$

$$N_{n,k} = \frac{49!}{6! \cdot (43)!}$$

$$N_{n,k} = 13.983.816$$

Die Wahrscheinlichkeit, einen Sechser beim Lotto zu haben, ist pro Tipp also ungefähr 1 zu 14 Millionen. Das ist schon recht dürftig gegen die Chance, einen Sechser beim Würfeln zu haben, die, wie wir nachher sehen werden, immerhin 1 : 6 beträgt.

Das Geheimnis des sogenannten relativen Risikos

Vor allem im Zusammenhang mit (angeblich oder tatsächlich) ungesunden Sachen liest man oft von einem sogenannten relativen Risiko (RR). Ein Risiko ist eine Wahrscheinlichkeit. Das ist ganz klar. Und zwar von etwas, das man nicht so gerne haben möchte – wie etwa Fußpilz. Eine Chance ist auch eine Wahrscheinlichkeit, aber von etwas, das man gerne möchte – etwa den Sechser beim Würfeln oder noch lieber im Lotto.

Nun schreibt dann beispielsweise einer in der Zeitung, dass das relative Risiko der Berufsgruppe X, Fußpilz zu bekommen, 1,2 oder

Das RR – mal angenehm, mal unerwünscht.

120 % beträgt. Wie bitte soll das denn gehen? Gerade wurde doch behauptet, dass sich Wahrscheinlichkeiten zwischen 0 und 1 bewegen. Sollen etwa 120 von 100 Leuten Fußpilz bekommen?
Nein, natürlich nicht: Ein relatives Risiko von 1,2 bedeutet, dass die Wahrscheinlichkeit, Fußpilz zu bekommen, für die Berufsgruppe *X* 1,2-mal höher ist als für den Normalbürger. Bekämen im Durchschnitt 50 von 100 Menschen Fußpilz, wären es bei der Berufsgruppe *X* dann 60 von 100.

Das Gesetz der großen Zahl, die Kohortenstudie und ein wenig Versicherungsmathematik

Was ein bestimmtes relatives Risiko nun tatsächlich aussagt, hängt auch vom absoluten Risiko und von der Größe der Probe ab. Ein relatives Risiko von 1,2 bei einem absoluten Risiko von 50 % wäre durchaus schon signifikant: Bei 1000 untersuchten Menschen in beiden Gruppen gäbe es den Fußpilz dann in der einen 500-mal, in der anderen 600-mal. Das dürfte schon ein signifikantes Merkmal sein.
Hätte man in einem anderen Zusammenhang, z. B. in zwei Vergleichsgruppen von je 100 Leuten, einmal einen und einmal zwei Fälle festgestellt, würde das zwar rechnerisch ein RR von 2,0 oder 200 % bedeuten, wäre jedoch kaum als signifikant anzusehen: Schließlich könnten sowohl der eine als auch die zwei Fälle zufällig aufgetreten sein.
Je größer die Stichprobe, die man untersucht, desto verlässlicher sind die ermittelten Wahrscheinlichkeiten, das ist das Gesetz der

großen Zahl. Deshalb muss man z. B. auch bei Kohortenstudien möglichst viele Menschen betrachten. Eine Kohortenstudie ist eine Studie an Menschen, die zu einem bestimmten Zeitpunkt das Gleiche erlebt oder gemacht haben: z. B. Menschen, die 1998 geboren sind. Will man anhand einer solchen Studie verlässliche Aussagen über „heutige Teenager" machen, muss man schon eine entsprechend große Zahl nehmen.
Auf das Gesetz der großen Zahl baut im Prinzip auch die Versicherungsmathematik auf: Wenn man z. B. eine Versicherungsprämie ermitteln soll, muss man wissen, wie groß das Risiko ist, dass der Versicherungsfall eintritt. Bei einer Mopedversicherung etwa benötigt man dazu vor allem eine Statistik über die Unfälle und Schäden, die in der Vergangenheit aufgetreten sind. Aufgrund des Gesetzes der großen Zahl kann man dann davon ausgehen, dass in zukünftigen Jahren etwa genauso viele Mopedunfälle passieren wie in den vergangenen.

INTUITIVE WAHRSCHEINLICHKEIT

Eintrittswahrscheinlichkeit bei gleich wahrscheinlichen Ereignissen

Es gibt Wahrscheinlichkeiten, bei denen man ganz einfach sieht, wie groß sie sind. Solche Wahrscheinlichkeiten nennt man intuitive Wahrscheinlichkeiten: Z. B. weiß man einfach, dass beim Münzwurf Kopf und Zahl jeweils eine Chance von 0,5 haben. Genauso offensichtlich liegt die Chance, mit einem sechsseitigen Würfel eine bestimmte Zahl zwischen 1 und 6 zu würfeln, bei 1/6.

Das langweilige Laplace-Experiment

Die empirische Untersuchung der Wahrscheinlichkeiten von gleich wahrscheinlichen Ereignissen nennt man Laplace-Experiment. Man kann beispielsweise 1000-mal würfeln und dann feststellen, dass man jede Zahl ungefähr 166-mal gewürfelt hat. Tatsächlich haben Professoren zumindest in der Anfangszeit der Statistik studentische Hilfskräfte mit solchen Jobs genervt.

Der Grund für die annähernde Gleichverteilung ist ganz einfach der, dass bei einer großen Anzahl von Versuchen die tatsächliche statistische Häufigkeit einem den Gefallen tut, gut mit der stochastischen Wahrscheinlichkeit übereinzustimmen – das Gesetz der großen Zahl eben. Das Laplace-Experiment hat seinen Namen von dem französischen Mathematiker, Physiker und Astronom Pierre-Simon Laplace (1749–1827), der sich unter anderem auch mit so etwas befasst hat.

Die böse Null: Warum die Bank beim Roulette immer gewinnt

Glücksspiele, mit denen jemand Geld verdient, sind immer so konstruiert, dass die Bank eine größere Chance hat, zu gewinnen. Beim Roulette kommt man sehr leicht dahinter, wie es funktioniert. Roulette ist nämlich auch eines dieser Laplace-Experimente, bei denen die Chance für jeden möglichen Ausgang der Kehrwert der Anzahl dieser Möglichkeiten ist. Wenn nur die Zahlen von 1 bis 36 im Spiel wären, wäre alles ausgeglichen und fair: Setzt man auf eine einzelne Zahl und gewinnt, bekommt man den 36-fachen Einsatz zurück, setzt man auf eines der drei Dutzend, erhält man im Falle des Gewinns den dreifachen Einsatz und bei den 1:2-Chancen den doppelten Einsatz. Betrachtet man nur die Fälle, bei denen eine Zahl von 1 bis 36 gefallen ist, würde man bei einer entsprechend großen Anzahl von Spielen mit den gleichen Spielern tatsächlich feststellen, dass sich deren Gewinne und Verluste ausgleichen.

Nun gibt es bei den Zahlen im Roulettekessel aber auch noch die 0. Und die gehört gemeinerweise nicht zu irgendwelchen Zahlengruppen, auf die man setzen kann – Rouge, Noir, Impair, Pair usw. Jedes Mal, wenn also die 0 fällt – und das passiert statistisch bei jedem 37. Spiel – greift eine Sonderregel, die gut für die Bank ist. Das bedeutet nichts anderes, als dass die Bank im Durchschnitt bei jedem 37. Spiel einen wertvollen Vorteil hat.

Oft versucht, nie geschafft: das todsichere System beim Roulette

Es gibt viele Geschichten über Leute, die versucht haben, ein todsicheres System zu entwickeln, mit dem man durch Zocken am Roulettetisch reich werden kann. Die meisten gehen traurig aus. Und sollte doch jemand einmal mit einem Roulette-System reich geworden sein, dann war das entweder Glück – oder er hat gar nicht selbst gespielt, sondern sein angeblich todsicheres System anderen Leuten verkauft.

Roulette ist nämlich gewissermaßen ein perfektes Glücksspiel. Jeder Roulette-Wurf ist ein Laplace-Experiment für sich, dessen Ausgang nicht vorhersehbar ist. Genau wie beim Lotto weiß der Roulettekessel ja nicht, welche Zahl vorher gefallen ist. Bei jedem Wurf ist die Wahrscheinlichkeit für jede Zahl 1/37, da beißt die Maus keinen Faden ab. Alle Versuche, durch Betrachtung von Zahlenreihen aus der Vergangenheit Rückschlüsse auf zukünftige Würfe zu ziehen, sind genau wie beim Lotto sinnlos.

Wahrscheinlichkeit 0 ist nicht dasselbe wie unmöglich

Eine Wahrscheinlichkeit von 1,0 bedeutet, dass ein Ereignis ganz sicher stattfindet. So viel steht fest. Nun sollte man doch auch glauben, dass eine Wahrscheinlichkeit von 0 bedeutet, dass ein Ereignis überhaupt niemals nimmer nicht eintreten kann, sprich: unmöglich ist.

Das allerdings ist ein Trugschluss! Du kannst dir das sehr leicht an einem kleinen Gedankenexperiment klarmachen: Stell dir eine Zielscheibe vor, auf die du mit einem Dartpfeil wirfst. Der Einfachheit halber stellen wir uns vor, dass jedes Mal die Scheibe getroffen wird und dass jeder Punkt der Scheibe mit gleicher Wahrscheinlichkeit getroffen werden kann. Tatsächlich würden sich die Treffer, wenn auf die Scheibenmitte gezielt wird, um diese herum normal verteilt anordnen, was aber nichts an unserer Überlegung ändert: Da es unendlich viele Punkte auf der Scheibe gibt, hat jeder von ihnen die Chancen $1/\infty$, getroffen zu werden – und das ist leider, leider 0. Jetzt steckt jedoch dummerweise nach jedem Wurf der Pfeil in genau einem Punkt der Scheibe. Der hatte vorher unzweifelhaft eine Chance von genau 0, getroffen zu werden. Trotzdem steckt jetzt der Pfeil drin – was zeigt, dass es offensichtlich keineswegs unmöglich war, genau diesen Punkt zu treffen. Frag ruhig mal deinen Mathelehrer, warum das so ist ...

Einer von unendlich vielen möglichen Treffern.

ABHÄNGIGE WAHRSCHEINLICHKEITEN

Alea iacta est: ein Pasch beim Würfeln

Eine abhängige Wahrscheinlichkeit ist die Wahrscheinlichkeit, dass ein Ereignis nach einem anderen Ereignis eintritt, das ebenfalls mit einer gewissen Wahrscheinlichkeit eintritt. Bei abhängigen Wahrscheinlichkeiten werden die Einzelwahrscheinlichkeiten multipliziert.

Ein einfaches Beispiel dafür ist der Pasch beim Würfeln: Um beispielsweise einen Sechserpasch zu werfen, muss der erste Würfel eine 6 zeigen und dann der zweite auch. Da es sich dabei jeweils um Laplace-Experimente handelt, ist die Eintrittswahrscheinlichkeit einzeln jeweils $1/n$, also $1/6$. Die zweite 6 gilt im Hinblick auf einen Pasch nur, wenn bereits der erste Würfel diese Zahl zeigt, also bereits ein Ereignis mit einer Eintrittswahrscheinlichkeit von $1/6$ eingetreten ist, sprich: in einem Sechstel der Fälle. Von diesem Sechstel wird wiederum nur in einem von sechs Fällen auch der zweite Würfel eine 6 zeigen, sodass die gesamte Eintrittswahrscheinlichkeit des Sechserpaschs $1/6 \cdot 1/6 = 1/36$ ist.

Du kannst dir das Ganze auch leicht daran klarmachen, dass es insgesamt $6 \cdot 6 = 36$ Zahlenkombinationen gibt, die man mit zwei Würfeln werfen kann (wenn man die Reihenfolge beachtet bzw. die Würfel unterscheidet) und die zwei Sechsen eine davon sind.

Ein scheinbarer Widerspruch

Wie groß ist nun die Wahrscheinlichkeit, sagen wir einmal, eine 2 und eine 3 zu würfeln? Die ist doppelt so hoch, wie die, einen Sechserpasch zu werfen. Warum? Ganz einfach: Es gibt zwei Möglichkeiten dafür: Man kann erst eine 2 oder eine 3 würfeln (Chance 2/6 = 1/3) und muss dann, je nachdem, was man zuerst gewürfelt hat, eine 3 oder eine 2 würfeln, wobei man nur noch eine Chance von 1/6 hat. Die gesamte Chance ist also $1/3 \cdot 1/6 = 1/18$. Anders wäre es, wenn man die Würfel unterscheidet bzw. die Reihenfolge der Würfe beachtet. Für „erst eine 2, dann eine 3" oder „Roter Würfel 2, grüner Würfel 3" ist die Chance genauso 1/36 wie für den Sechserpasch.

Warum bei ausgeglichenen Chancen (meist) der reichste Spieler gewinnt

Die Tatsache, dass bei einem Glücksspiel mit ausgeglichenen Chancen meist der reichste Spieler gewinnt, liegt ebenfalls an der Sache mit den abhängigen Wahrscheinlichkeiten. Ein einfaches Beispiel bringt Licht ins Dunkle: Nehmen wir an, *A* und *B* werfen eine Münze um Zündhölzchen. Der Einsatz ist ein Zündhölzchen pro Wurf. *A* hat 20 Zündhölzchen, *B* nur 10. Wenn *A* jetzt 10-mal hintereinander gewinnt (Chance 2^{-10}), ist *B* am Ende und hat keine Möglichkeit mehr, sich seine Zündhölzchen zurückzuholen. Das Risiko von *A*, die Hosen ausgezogen zu bekommen, ist aber nur 2^{-20}, denn *B* müsste 20-mal gewinnen, um das zu erreichen. Verallgemeinert lässt sich sagen, dass *B* 20 Spiele mehr gewinnen muss als *A*, um diesen zu ruinieren, *A* jedoch nur 10. Oder noch einfacher: Die Wahrscheinlichkeit, dass *A* so oft verliert, dass er aufgeben muss, ist wesentlich geringer als die, dass dieser Fall bei *B* eintritt.

Kann man zweimal hintereinander im Lotto gewinnen?

Es ist kaum zu glauben und es passiert wohl auch sehr selten, dass jemand an zwei Samstagen hintereinander einen Sechser

im Lotto hat. Trotzdem kann es vorkommen, denn die Chance auf zwei Sechser ist eine abhängige Wahrscheinlichkeit, zwar sehr klein, aber keineswegs 0: Wenn heute Freitag ist und du deinen Lottoschein mit zwei oder mehreren gleichen Tipps abgibst, hast du ungefähr eine Chance von 1 : 14 Millionen, morgen, am Samstag, einen Sechser zu haben. Die Chance, dass du morgen und nächsten Samstag einen Sechser hast, ist daher $(1/14 \text{ Millionen})^2$. Hast du aber morgen den Sechser und spielst am nächsten Wochenende wieder, liegt deine Chance wieder bei 1 : 14 Millionen. Der Spieleinsatz ist also so gut oder so schlecht angelegtes Geld, wie er es heute auch ist.
Übrigens ist das im Prinzip auch nichts anderes als die Wahrscheinlichkeit, eine zweite 6 zu würfeln, wenn man bereits eine hat. Die Wahrscheinlichkeit, zwei Sechsen hintereinander zu würfeln, ist vor dem ersten Wurf natürlich 1/36. Hat man jedoch bereits eine 6, hat man 30 der insgesamt 36 möglichen Fälle ausgeschlossen und es gibt nur noch sechs gleich wahrscheinliche Möglichkeiten. Die Chance auf die zweite 6 ist jetzt also genauso groß, wie es die auf die erste war, nämlich 1/6.

Ist es besser, beim Lotto immer den gleichen Tipp abzugeben?
Manche Leute spielen beim Lotto immer die gleichen Zahlen, andere tippen jedes Mal etwas anderes. Was ist besser? Ganz einfach: Man gibt so oder so einen Tipp ab, der eine Chance von etwa 1 : 14 Millionen auf einen Sechser hat und weitere ganz bestimmte Chancen auf Fünfer mit und ohne Zusatzzahl sowie auf Vierer und Dreier. Diese Chancen sind für jede beliebige Zahlenkombination exakt gleich. Daher spielt es keinerlei Rolle, welche Zahlen man tippt, also auch nicht, ob es immer dieselben sind oder jedes Mal andere. Einen Nachteil hat man jedoch, wenn man jedes Mal das Gleiche tippt: Man ärgert sich schwarz, wenn man einmal nicht mitspielt und ausgerechnet dann die Zahlen des eigenen Stamm-Tipps

kommen. Tippt man jedes Mal etwas anderes, kann einem das nicht passieren!

Und was ist mit Glücks- und Pechsträhnen?
Man kann immer wieder einmal beobachten, dass jemand bei einem Spiel mehrmals hintereinander gewinnt oder verliert, also eine Glücks- oder ein Pechsträhne hat. Dabei könnte man manchmal schon auf die Idee kommen, dass eine Gesetzmäßigkeit hinter Gewinn und Verlust steckt.
Das ist jedoch nicht der Fall, wie man sich leicht klarmachen kann, wenn man etwas über abhängige Wahrscheinlichkeiten weiß. Nehmen wir ein einfaches Beispiel: Jemand setzt beim Münzwurf immer auf Kopf und gewinnt dabei fünfmal hintereinander. Wie groß ist die Wahrscheinlichkeit, dass das passiert? Nach der Regel, dass man abhängige Wahrscheinlichkeiten multipliziert, um die Gesamtwahrscheinlichkeit zu ermitteln, beträgt sie:

$$\frac{1}{2} \cdot \frac{1}{2} \cdot \frac{1}{2} \cdot \frac{1}{2} \cdot \frac{1}{2} = \frac{1}{32}$$

Bedenkt man dabei, dass die Wahrscheinlichkeit, einen bestimmten Pasch zu würfeln, bei 1/36 liegt, ist diese Glückssträhne gar nicht so unwahrscheinlich. Übrigens ist sie auch nicht unwahrscheinlicher als jede beliebige andere Kombination aus Würfen, wie etwa Zahl, Kopf, Kopf, Zahl, Kopf oder Kopf, Kopf, Zahl, Kopf, Zahl. Sie tritt statistisch alle 32 Mal auf. Es ist lediglich so, dass sie uns stärker auffällt als andere Kombinationen.

Warum es bei manchen Glücksspielen „gute Spieler“ gibt
Es gibt einige Spiele, die zwar als Glücksspiele gelten, bei denen es aber durchaus Leute gibt, die auffällig oft gewinnen. Das sind Spiele, die nicht so perfekte Glücksspiele sind wie das Roulette. Beim Poker beispielsweise hängen die Gewinnchancen davon ab, welche Karten man bekommen hat und welche die anderen Spie-

ler haben. Da das Setzen erst nach dem Verteilen der Karten losgeht, kann man damit Risiko und Gewinnchance steuern. Zudem kennt man aufgrund des eigenen Blatts einige Karten, die nicht bei anderen Spielern sein können. Man hat also gewisse Anhaltspunkte dafür, wie deren Chancen stehen. Schätzt ein Spieler diese Chancen richtig ab und setzt bei schlechten Aussichten wenig und bei guten viel, wird er auf die Dauer mehr gewinnen als verlieren.

Gut geblufft ist halb gewonnen

Beim Poker kommt noch eine psychologische Komponente dazu: Man kann versuchen, am Verhalten und am Gesichtsausdruck der anderen abzulesen, ob sie gute oder schlechte Karten haben, und gleichzeitig die eigenen Gefühlsregungen verbergen – also das sprichwörtliche Pokerface aufsetzen. Das berühmte Bluffen besteht dann darin, dass man bei guten Karten die anderen Spieler glauben lässt, man hätte schlechte, und sie so zu hohen Einsätzen verleitet. Bei schlechten Karten lässt man die anderen Spieler glauben, man hätte gute, und entmutigt sie so oder zwingt sie zum Aufgeben, obwohl sie eigentlich vielleicht gewonnen hätten.

Glücksspiele hängen nicht immer nur vom Glück ab.

10. Spürst du den Logarithmus in dir?

KLINGT FURCHTBAR GESCHEIT …

… ist aber nichts Besonderes

Die Bezeichnung Logarithmus hört sich ja sehr wissenschaftlich an, ist aber doch nichts anderes als ein vornehmes Wort für Exponent: Der Logarithmus $\log_n(z)$ einer Zahl z zur Basis n ist diejenige Zahl, die man n als Hochzahl verpassen muss, damit z herauskommt:

$$z = n^{\log_n(z)}$$

Oder noch einfacher ausgedrückt: Man fragt: n hoch wie viel ist z?

Ach und übrigens: Die Zahl z in diesem Beispiel hat auch einen vornehmen lateinischen Namen: Sie heißt Numerus, was aber auch nichts anderes bedeutet als Zahl.

Wollte man früher, als es noch keine Taschenrechner gab, zwei große Zahlen multiplizieren, machte man das mit Logarithmen: Man zählte einfach die Logarithmen zusammen und guckte dann wieder nach, welche Zahl zu dem so gefundenen Logarithmus gehört:

$$x \cdot y = b^{\log_b(x) + \log_b(y)}$$

Dahinter steckt nichts anderes als die Regel für die Multiplikation von Potenzen, bei der man ja bekanntlich die Grundzahl beibehält und die Exponenten addiert. Aus dem Kapitel über Wurzeln (→ S. 48 ff.) weißt du ja, dass man jede Zahl als Potenz jeder beliebigen anderen Zahl auffassen kann. Deswegen gibt es auch zu jeder Zahl einen Logarithmus zu jeder beliebigen Basis, denn der Logarithmus ist nichts anderes als ein Exponent, nach dem man fragt.

Im alten Indien und im Barock

Schon die antiken Inder fürchteten sich nicht vor dem Logarithmus und rechneten damit. In Europa bemächtigte man sich seiner jedoch erst im 17. Jahrhundert. Ab dieser Zeit machte er sich bei Kaufleuten nützlich. Du weißt ja bereits, dass Zinseszinsrechnung auf Exponenten hinausläuft (→ S. 50 ff.). Will man nun wissen, in welcher Zeit ein bestimmter Zins zu einem gegebenen Wachstum eines Kapitals führt, fragt man nach dem Exponenten, der das bewirkt, und damit nach dem Logarithmus.

Werkzeuge der mathematischen Steinzeit: Logarithmentafel und Rechenschieber

Bei der Multiplikation mithilfe von Logarithmen behalf man sich früher mit sogenannten Logarithmentafeln. Diese wurden von dem Schotten John Napier (1550–1617) und dem Schweizer Jost Bürgi (1552–1632) entwickelt.
Eine Vereinfachung der Multiplikation mit Logarithmen brachte der Rechenstab, den man umgangssprachlich auch Rechenschieber nannte. Die Skalen des bis in die 1970er-Jahre gebräuchlichen Schulrechenschiebers gehen übrigens auf einen

gewissen Victor Mayer Amédée Mannheim (1831–1906) zurück, der diesen Typ 1850 entwickelte.
Das Multiplizieren mit einem Rechenschieber ist nicht sehr schwierig. Wie du vielleicht weißt, kann man mit zwei aneinandergelegten Maßstäben Zahlen addieren. Bei den entsprechenden Skalen eines Rechenschiebers ist die Teilung nun nicht linear wie bei einem Maßstab, sondern logarithmisch. Man addiert also die Logarithmen und multipliziert damit die Numeri. Eine einfache und geniale Sache. The bad news is: Als Ergebnis bekommt man immer nur den Zahlenwert, das Komma muss man selbst setzen, indem man eine Überschlagsrechnung im Kopf macht – wie übrigens bei den allerersten Taschenrechnern ohne Fließkomma-automatik auch. Die Genauigkeit eines Rechenschiebers ist auf drei Stellen begrenzt, was jedoch für die allermeisten naturwissenschaftlich-technischen Berechnungen vollkommen ausreicht.
Der Vorteil des Rechenschiebers war nicht nur, dass bei ihm keine Batterie leer werden konnte und er es auch vertrug, einmal nass zu werden. Weil man gezwungen war, einen Überschlag im Kopf zu machen, konnte man zwar Einstell- und Ablesefehler machen, jedoch keine Dimensionsfehler. Da viele Leute kein Gefühl für Dimensionen haben, fällt es bei den heute üblichen Gleitkomma-Taschenrechnern oft nicht auf, wenn durch einen Kommafehler ein Ergebnis herauskommt, das zehn- oder hundertmal zu groß oder zu klein ist.

Immer schön den Ball flach halten

Die Kurve der zugehörigen Logarithmen verläuft immer flacher als die der Funktionswerte.

Der Logarithmus bremst steile Kurven aus
Es gibt Funktionen, die sehr schnell sehr große Funktionswerte liefern, sodass man beim Zeichnen des Graphen auf dem Papier sehr schnell in Platznot gerät. Das ist z. B. bei der Funktion $f(x) = x^2$ der Fall, die in der Abbildung dargestellt ist. Anstatt nun oben etwas an das Zeichenblatt anzukleben, kann man sich als PmsMW auch anders behelfen: Man zeichnet einfach nicht die Kurve der eigentlichen Funktionswerte, sondern die der zugehörigen Logarithmen.

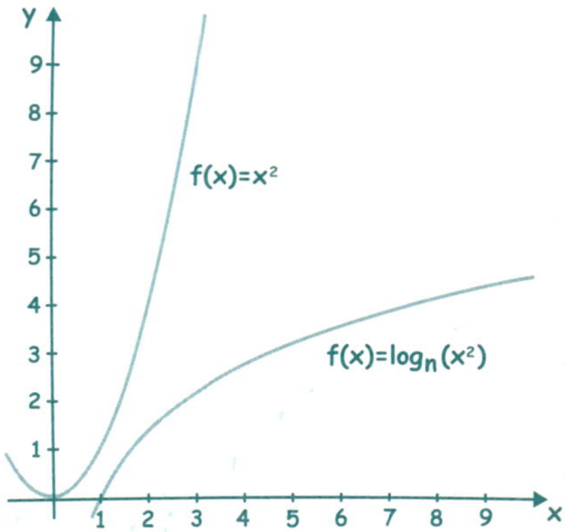

So bleiben steile Kurven darstellbar.

Logarithmuspapier und logarithmische Zahlenteilung
Das Problem mit den Funktionen, deren Werte zu schnell nach oben abhauen, kann man auch mit sogenanntem Logarithmuspapier lösen. Das ist ein Papier, das ähnlich wie Karo- oder Millimeterpapier eine aufgedruckte Teilung zum Auftragen von Punkten besitzt. Im Gegensatz zu Millimeterpapier ist diese Teilung jedoch nicht gleichmäßig, sondern die Abstände der Linien entsprechen dem der Logarithmen der zugehörigen Zahlen. Es gibt einfach- und doppeltlogarithmisches Papier. Beim ersten ist nur eine Richtung logarithmisch geteilt, beim zweiten sind es beide.
Natürlich kann man sich auch selbst behelfen, wenn man kein Logarithmuspapier zur Hand hat: Man versieht einfach eine oder beide Skalen des Achsenkreuzes mit logarithmischen Teilungen, so wie sie auch an den Skalen des Rechenschiebers vorhanden sind.

Noch ein Logarithmus: der pH-Wert

Dass der pH-Wert ein Maß dafür ist, wie sauer oder basisch etwas ist, weißt du: Lösungen mit einem hohen pH-Wert sind basisch, solche mit einem niedrigen sauer. Das eigentliche Maß für die Stärke einer Säure oder Lauge ist die Wasserstoffionen-Aktivität. Der pH-Wert ist der negative Zehnerlogarithmus dieser Größe, die so unhandliche Werte annehmen kann, dass man sie eben lieber als Logarithmus schreibt. Auch die Dezibel-Skala für Lautstärke und elektronische Dämpfung sowie die Richter-Skala für Erdbebenstärken sind logarithmische Skalen.

ZURÜCK ZUR NATUR

Die beliebtesten Logarithmen

Der Zehner- und der natürliche Logarithmus sind gewissermaßen die beliebtesten Logarithmen, weil Mathematiker und Leute, die Mathematik als Hilfe für ihre Problemlösungen verwenden, sie am meisten benutzen. Der Zehnerlogarithmus (lg) bezieht sich auf die Basis 10, fragt also: 10 hoch wie viel ergibt diese Zahl? Der natürliche Logarithmus bezieht sich auf die seltsame Zahl e = 2,718281828459045235.... , auf die wir gleich noch zu sprechen kommen. Seinen Namen hat der natürliche Logarithmus bekommen, weil man mit ihm natürliche Wachstums- und Zerfallsvorgänge beschreiben kann und er in vielen mathematischen Zusammenhängen direkt ohne Vorfaktor auftritt.

Der famose Mister Briggs

Die Zehnerlogarithmen nennt man auch dekadische oder briggssche Logarithmen. Den zweiten Namen haben sie von dem englischen Mathematiker Henry Briggs (1561–1630). Als der bereits erwähnte John Napier 1614 sein Buch über Logarithmen veröffentlichte, war Briggs hellauf begeistert von diesen neuen Zahlen. Er erkannte nämlich die Bedeutung der Logarithmen für die verschiedensten mathematischen Problemstellungen. Seine Idee war es, bei Logarithmen allgemein die 10 als Basis zu verwenden und sie damit sozusagen zu normen. Neben die Zehnerlogarithmen traten erst später, nach der Entdeckung der eulerschen Zahl *e*, die natürlichen Logarithmen. Heute verwendet man die Letzteren gerne in der höheren Mathematik, die Ersteren bei technischen Problemstellungen.

Kennst du einen Logarithmus, kennst du alle

Es kann sich ergeben, dass man den Logarithmus einer Zahl zu einer bestimmten Basis benötigt, aber nur eine Tabelle oder Taschenrechnerfunktion für Logarithmen zu einer anderen zur Verfügung hat. Der Taschenrechner etwa gibt normalerweise die Zehner- und die natürlichen Logarithmen her. Will man nun den Logarithmus einer Zahl zu einer anderen Basis wissen, hilft ein grundlegendes Logarithmengesetz weiter:

$$\log_b(x) = \frac{\log_a(x)}{\log_a(b)}$$

Die komische Zahl *e* und der Herr Euler aus der Schweiz

Die Zahl *e*, die Basis der natürlichen Logarithmen, heißt auch eulersche Zahl, weil sie von dem Schweizer Mathematiker Leonhard Euler (1707–83) entdeckt wurde. Auch das übliche Kürzel *e* stammt von ihm, wobei man nicht weiß, ob er es in Anlehnung an

seinen Namen verwendete oder ganz einfach deswegen, weil *a, b, c,* und *d* schon in zu vielen Zusammenhängen verwendet wurden und ihm deswegen zu abgedroschen waren.
Die eulersche Zahl mit dem Wert $e = 2{,}718281828459045235...$ ist nicht nur eine irrationale, sondern zu allem Überfluss auch noch eine transzendente Zahl.
Eine transzendente Zahl ist eine ganz arme Zahl, denn sie lässt sich nicht nur – weil sie immer auch gleichzeitig irrational ist – nicht als Bruch schreiben, sondern kann auch niemals Lösung einer algebraischen Gleichung sein. Vielleicht trösten sich die transzendenten Zahlen damit über dieses Ungemach hinweg, dass ihre Menge so berühmte und wichtige Elemente wie π und e umfasst.